幽夢影

图文本

YouMengYing

（清）张潮 著

凤凰出版社

目录

前　言 …………………………… 001

一　读经宜冬 …………………………… 002
二　经传宜独坐读 …………………………… 003
三　无善无恶是圣人 …………………………… 003
四　天下有一人知己 …………………………… 004
五　为月忧云 …………………………… 006
六　花不可以无蝶 …………………………… 007
七　春听鸟声 …………………………… 008
八　上元须酌豪友 …………………………… 008
九　鳞虫中金鱼 …………………………… 010
一〇　入世须学东方曼倩 …………………………… 011
一一　赏花宜对佳人 …………………………… 011
一二　对渊博友 …………………………… 012
一三　楷书须如文人 …………………………… 013
一四　人须求可入诗 …………………………… 014
一五　少年人须有老成之识见 …………………………… 015
一六　春者天之本怀 …………………………… 016
一七　昔人云 …………………………… 017
一八　愿在木而为樗 …………………………… 018
一九　黄九烟先生云 …………………………… 019
二〇　古人以冬为三余 …………………………… 020
二一　庄周梦为蝴蝶 …………………………… 021

二二 艺花可以邀蝶 …………………………… 022
二三 景有言之极幽而实萧索者 ………………… 022
二四 才子而富贵 ………………………………… 023
二五 新月恨其易沉 ……………………………… 024
二六 躬耕吾所不能 ……………………………… 025
二七 一恨书囊易蛀 ……………………………… 026
二八 楼上看山 …………………………………… 027
二九 山之光 ……………………………………… 028
三〇 假使梦能自主 ……………………………… 029
三一 昭君以和亲而显 …………………………… 030
三二 以爱花之心爱美人 ………………………… 030
三三 美人之胜于花者 …………………………… 031
三四 窗内人于窗纸上作字 ……………………… 032
三五 少年读书 …………………………………… 033
三六 吾欲致书雨师 ……………………………… 033
三七 为浊富 ……………………………………… 034
三八 天下唯鬼最富 ……………………………… 035
三九 蝶为才子之化身 …………………………… 036
四〇 因雪想高士 ………………………………… 036
四一 闻鹅声 ……………………………………… 037
四二 一岁诸节 …………………………………… 038
四三 雨之为物 …………………………………… 039
四四 古之不传于今者 …………………………… 040
四五 诗僧时复有之 ……………………………… 040
四六 当为花中之萱草 …………………………… 041
四七 物之稚者 …………………………………… 042
四八 女子自十四五岁至二十四五岁 …………… 043
四九 寻乐境 ……………………………………… 044
五〇 富贵而劳悴 ………………………………… 044
五一 目不能自见 ………………………………… 045

五二　凡声皆宜远听 ………………………………… 046
五三　目不能识字 ………………………………… 046
五四　并头联句 ………………………………… 047
五五　水浒传武松诘蒋门神云 ……………………… 048
五六　花之宜于目而复宜于鼻者 …………………… 048
五七　高语山林者 ………………………………… 049
五八　云之为物 ………………………………… 050
五九　值太平世 ………………………………… 051
六〇　天下器玩之类 ………………………………… 052
六一　养花胆瓶 ………………………………… 052
六二　春雨如恩诏 ………………………………… 054
六三　十岁为神童 ………………………………… 054
六四　武人不苟战 ………………………………… 055
六五　文人讲武事 ………………………………… 056
六六　斗方止三种可存 ……………………………… 057
六七　情必近于痴而始真 …………………………… 058
六八　凡花色之娇媚者 ……………………………… 058
六九　著得一部新书 ………………………………… 060
七〇　延名师训子弟 ………………………………… 060
七一　积画以成字 ………………………………… 061
七二　云映日而成霞 ………………………………… 062
七三　大家之文 ………………………………… 063
七四　由戒得定 ………………………………… 064
七五　南北东西 ………………………………… 065
七六　予尝谓二氏不可废 …………………………… 066
七七　虽不善书 ………………………………… 067
七八　方外不必戒酒 ………………………………… 068
七九　梅边之石宜古 ………………………………… 069
八〇　律己宜带秋气 ………………………………… 070
八一　厌催租之败意 ………………………………… 070

八二 松下听琴 …… 071
八三 月下听禅 …… 071
八四 有地上之山水 …… 073
八五 一日之计种蕉 …… 074
八六 春雨宜读书 …… 075
八七 诗文之体 …… 075
八八 抄写之笔墨 …… 076
八九 人非圣贤 …… 077
九〇 史官所纪者 …… 078
九一 先天八卦 …… 078
九二 藏书不难 …… 079
九三 求知己于朋友易 …… 080
九四 何谓善人 …… 080
九五 有工夫读书 …… 081
九六 人莫乐于闲 …… 082
九七 文章是案头之山水 …… 083
九八 平上去入 …… 083
九九 水浒传是一部怒书 …… 085
一〇〇 读书最乐 …… 086
一〇一 发前人未发之论 …… 086
一〇二 一介之士 …… 087
一〇三 风流自赏 …… 088
一〇四 万事可忘 …… 088
一〇五 芰荷可食 …… 090
一〇六 宜于耳 …… 091
一〇七 看晓妆 …… 091
一〇八 我不知我之生前 …… 092
一〇九 我又不知在隆万时 …… 093
一一〇 文章是有字句之锦绣 …… 094
一一一 予尝集诸法帖字为诗 …… 095

一一二　花不可见其落 …………………………… 096
一一三　种花须见其开 …………………………… 096
一一四　惠施多方 ………………………………… 097
一一五　以松花为粮 ……………………………… 097
一一六　玩月之法 ………………………………… 099
一一七　孩提之童 ………………………………… 100
一一八　凡事不宜刻 ……………………………… 100
一一九　酒可好 …………………………………… 101
一二〇　文名可以当科第 ………………………… 102
一二一　不独诵其诗 ……………………………… 103
一二二　无益之施舍 ……………………………… 103
一二三　妾美不如妻贤 …………………………… 104
一二四　创新庵不若修古庙 ……………………… 104
一二五　字与画同出一原 ………………………… 106
一二六　忙人园亭 ………………………………… 106
一二七　酒可以当茶 ……………………………… 108
一二八　胸中小不平 ……………………………… 109
一二九　不得已而谀之者 ………………………… 109
一三〇　多情者必好色 …………………………… 110
一三一　梅令人高 ………………………………… 110
一三二　物之能感人者 …………………………… 112
一三三　妻子颇足累人 …………………………… 113
一三四　涉猎虽曰无用 …………………………… 114
一三五　所谓美人者 ……………………………… 115
一三六　蝇集人面 ………………………………… 116
一三七　有山林隐逸之乐而不知享者 …………… 116
一三八　黎举云 …………………………………… 118
一三九　五色有太过 ……………………………… 119
一四〇　许氏说文分部 …………………………… 119
一四一　阅水浒传 ………………………………… 120

一四二 春风如酒 …………………………… 121

一四三 冰裂纹极雅 ………………………… 122

一四四 鸟声之最佳者 ……………………… 122

一四五 不治生产 …………………………… 123

一四六 昔人云 ……………………………… 123

一四七 善读书者 …………………………… 124

一四八 园亭之妙 …………………………… 125

一四九 清宵独坐 …………………………… 125

一五〇 官声采于舆论 ……………………… 126

一五一 胸藏丘壑 …………………………… 127

一五二 梧桐为植物中清品 ………………… 127

一五三 多情者 ……………………………… 129

一五四 蛛为蝶之敌国 ……………………… 129

一五五 立品 ………………………………… 130

一五六 古谓禽兽亦知人伦 ………………… 130

一五七 豪杰易于圣贤 ……………………… 131

一五八 牛与马 ……………………………… 132

一五九 古今至文 …………………………… 133

一六〇 情之一字 …………………………… 133

一六一 孔子生于东鲁 ……………………… 134

一六二 有青山方有绿水 …………………… 134

一六三 严君平 ……………………………… 135

一六四 人则女美于男 ……………………… 135

一六五 镜不幸而遇嫫母 …………………… 136

一六六 天下无书则已 ……………………… 136

一六七 秋虫春鸟 …………………………… 137

一六八 媸颜陋质 …………………………… 138

一六九 吾家公艺 …………………………… 138

一七〇 九世同居 …………………………… 139

一七一 作文之法 …………………………… 139

一七二 笋为蔬中尤物 …… 140
一七三 买得一本好花 …… 142
一七四 观手中便面 …… 142
一七五 水为至污之所会归 …… 143
一七六 貌有丑而可观者 …… 143
一七七 游玩山水 …… 144
一七八 贫而无谄 …… 144
一七九 昔人欲以十年读书 …… 145
一八〇 宁为小人之所骂 …… 146
一八一 傲骨不可无 …… 147
一八二 蝉为虫中之夷齐 …… 148
一八三 曰痴曰愚 …… 149
一八四 唐虞之际 …… 150
一八五 痛可忍 …… 150
一八六 镜中之影 …… 151
一八七 能读无字之书 …… 152
一八八 若无诗酒 …… 153
一八九 才子而美姿容 …… 153
一九〇 陈平封曲逆侯 …… 154
一九一 古人四声俱备 …… 154
一九二 闲人之砚 …… 155
一九三 如何是独乐乐 …… 157
一九四 不待教而为善为恶者 …… 157
一九五 凡物皆以形用 …… 158
一九六 才子遇才子 …… 158
一九七 予尝欲建一无遮大会 …… 160
一九八 圣贤者 …… 161
一九九 天极不难做 …… 161
二〇〇 掷“升官图” …… 162
二〇一 动物中有三教焉 …… 162

二〇二 佛氏云 …… 163
二〇三 苏东坡和陶诗 …… 164
二〇四 予尝偶得句 …… 164
二〇五 空山无人 …… 165
二〇六 镜与水之影 …… 166
二〇七 水之为声有四 …… 167
二〇八 文人每好鄙薄富人 …… 167
二〇九 能闲世人之所忙者 …… 168
二一〇 先读经 …… 169
二一一 居城市中 …… 169
二一二 乡居须得良朋始佳 …… 171
二一三 玉兰 …… 172
二一四 无其罪而虚受恶名者 …… 173
二一五 臭腐化为神奇 …… 173
二一六 黑与白交 …… 174
二一七 耻之一字 …… 175
二一八 镜不能自照 …… 176
二一九 古人云诗必穷而后工 …… 177

附录 …… 179

幽梦影序一 …… 179
幽梦影序二 …… 180
幽梦影序三 …… 181
原跋一 …… 182
原跋二 …… 183
幽梦影跋 …… 184

前言

张潮（1650—？），字山来，号心斋，别署心斋居士，安徽歙县人。出身名门，其父曾视学山东。这样的家庭，决定了他少年起，便学习四书、五经，走八股科举之路。由于禀赋聪颖，十五岁，他的制艺文章即受到当道者褒奖，得补博士弟子员。但后来却大背其运，连试不授，最终，也仅捞了个岁贡生的资格；仕途上，也只取得翰林孔目这从九品的小官。

举业不顺，也只是其困顿生涯的一个方面，在人生道路上，张潮的坎坷、挫折与磨难也多不胜举。据他在《八股诗自序》中说，自十五岁迄二十六岁，十年间，遭逢了许多不幸，以致“壮志雄心，销磨殆尽”。当半百之年，还遭“中山狼”诬陷，锒铛入狱，从而使他精神上蒙受了巨大的羞辱与打击，在其有关作品中，提到此事，他便不胜愤慨，怨恚之情，溢于言表。

张潮一生好游历，喜交友。他到过很多地方，其中与江苏如皋、扬州因缘尤深。如皋有他的别业，在扬州他不只度过了相当的岁月，更在此著述立说，创造了他自己人生的辉煌。他交游极广，当时名流黄周星、冒辟疆、曹溶、张竹坡、尤侗、吴绮、吴嘉纪、孔尚任、杜濬等，都曾与他往还。

张潮的著作，有《心斋聊复集》、《花影词》、《笔歌》、《幽梦影》等，编辑评定《昭代丛书》、《檀几丛书》、《虞初新志》。《幽梦影》约在三十岁动笔，前后历十五年，方才完稿。

《幽梦影》为清言小品。“小品”一词，《世说新语》刘孝标注中已经出现，曰：“释氏《辨空经》有详者焉，有略者焉。详者为大品，略者为小品。”可见，所谓“小品”，本来用于佛教，指节略了的佛家经籍。而到了晚明，小品兴盛，小品的内涵，则在佛经以外，还包含诸子、随笔杂记、笔记小说，乃至别集等。但小品之谓小品，其特点固在，这便是：一、篇幅短小，文字隽永；二、重在品字、品物、品人、品事、品文、品花、品酒、品茗、品玩，不一而足。应该说，这些特点，在《幽梦影》中，都得到了很好的体现。《幽梦影》品评鉴赏的范围极广，自然历史、社会人生，无不在其品鉴范围以内。修身养性、为人立品、山水园囿、音乐声音、读书收藏、诗文创作、花月美人、饮酒品茶、书画器玩、弈棋剑术、佛家禅悦等等，均一览无余地包笼进了作者的视野之中，得到他别出心裁、独具慧眼的赏鉴。所谓“石火之一敲，电光之一瞥”(《原跋》)，在在闪现出思想的火花；“饶广长舌，散天女花，心灯意蕊，一印印空”(杨复吉《跋》)，如散金碎玉，处处表现出耀眼的辉芒。而书中表现出的作者丰富的想像联想能力，娴熟的排比、比喻、对偶技巧，及高超的文字驾驭功夫，使其呈现出节奏美、声韵美、匀称美的和谐统一，进而在语言艺术上臻于相当完美的境界。

晚明以来，小品文字众多，如屠隆《娑罗馆清言》、李鼎《偶谈》、陈继儒《小窗幽纪》《岩栖幽事》、吴从先《小窗自纪》等，均擅一时之名，但《幽梦影》以它赏鉴眼光的不凡，境界的脱俗，文字的优美，后来居上，似乎更得读者青睐，褒誉者揄扬评价之高，颇能说明问题，如林语堂《张潮的警句》文中就认为：“这是一部文艺的格言集，这一类的集子在中国很多，可是没有一部可和张潮自己所写的比拟。”《幽梦影》当然没有登峰造极，但它的确是一部十分出色的清言小品。读之能开人心智，增广见闻，得到美的愉悦和享受，这都是毋庸置疑的。

《幽梦影》的版本，有一卷本、两卷本两种，本书整理，即以《昭代丛书续集》所收一卷世楷堂刻本为底本，标点校勘。另有简注及评析，旨在方便读者阅读。谬误与不当处，尚望方家匡正。

幽梦影

一　读经宜冬

读经宜冬，其神专也；读史宜夏，其时久也；读诸子宜秋，其致别也；读诸集宜春，其机畅也。

【原评】

曹秋岳曰：可想见其南面百城时。

庞笔奴曰：读《幽梦影》则春、夏、秋、冬，无时不宜。

【评析】

所谓经、史、子、集，是我国古代图书分类的一种分法。经指经典，儒家有十三经；史为历史类著述；诸子原指先秦时期各家学派，这里则称儒家以外的各家著述；

集指总集、别集之类的作品。

书有不同的内容、写法，阅读的方法自当有别。在张潮看来，经书简奥深邃，须心平气静，耐心咀嚼，冬季天寒，不思起动，人的精神易于集中，故为读经书的最佳季节。史书纪事，兴衰治乱、人事纠缠，要前后观照，通盘把握，才能正确认识，夏季日永，时间充裕，读史正得其时。诸子百家风格互异，思想各别，需有海纳百川的胸襟、尘滓不染的心境，才能权衡其得失，吸收其优长，秋季天高气爽，云淡风清，"秋水文章不染尘"，此时人思绪明净，显然是阅读的合适时机。诗文词赋类乃文学创作，所谓"精骛八极，心游万仞"，阅读时非调动丰富的情感与想像便不能入其境中，也难与作者发生共鸣，从而无法把握作者的思想情感脉搏。春季万木复苏，生机盎然，是人情感最充沛的季节，读集部创作，不亦宜乎！

这当然是张潮自己读书经验的总结。但经验不能视作教条，是否对每一个人都能适用，这必须要用每个人的读书实践来验证。

二　经传宜独坐读

经传宜独坐读，史鉴宜与友共读。

【原评】

孙恺似曰：深得此中真趣，固难为不知者道。

王景州曰：如无好友，即红友亦可。

【评析】

读圣人经传，乃为了进德修身，首先是个人的事，所以要独自读；经传简约深奥，不认真品味揣摩，难得其神髓，故必须独坐读。读史则可以广见闻，开心智，与友共读，既能相互切磋，互相发明，彼此启发，还可以达到学问共进，避免因个人阅历有限而误解误读丰富繁杂的历史。

三　无善无恶是圣人

无善无恶是圣人（如"帝力何有于我"❶、"杀之而不怨，利之而不庸"❷、"以直报怨，以德报德"❸、"一介不与，一介不取"❹之类），善多恶少是贤者（如颜子"不贰过，有不善未尝不知"❺、子路"人告有过则喜"❻之类），善少恶多是庸人，有恶无善是小人（其偶为善处，亦必有所为），有善无恶是仙佛（其所谓善，亦非吾儒之所谓善也）。

【原评】

黄九烟曰：今人“一介不与”者甚多，普天之下皆半边圣人也。“利之不庸”者亦复不少。

江含徵曰：先恶后善是回头人，先善后恶是两截人。

殷日戒曰：貌善而心恶者是奸人，亦当分别。

冒青若曰：昔人云：“善可为而不可为。”唐解元诗云：“善亦懒为何况恶！”当于有无多少中，更进一层。

【注释】

❶ 帝力句：语出古歌“吾日出而作，日入而息。凿井而饮，耕田而食。帝力何有于我哉？”见《群书治要》卷十一引《帝王世纪》。❷ 杀之而不怨二句：语出《孟子·尽心上》：“杀之而不怨，利之而不庸，民日迁善而不知为之者。”庸，酬功。❸ 以直报怨二句：语出《论语·宪问》：“子曰：何以报德？以直报怨，以德报德。”❹ 一介不与二句：语出《孟子·万章上》：“非其义也，非其道也，一介不以与人，一介不以取诸人。”❺ 颜子句：语出《论语·雍也》：“孔子对曰：有颜回者好学，不迁怒，不贰过。”❻ 子路句：语出《孟子·公孙丑上》：“孟子曰：子路，人告之以有过，则喜。”

【评析】

率天之下，莫非王土，在权力社会，要漠视帝力的存在，过自己隐居的生活，这只能是一厢情愿的幻想；被杀而不怨恨，得到好处也不以为应该酬劳，在凡人辈想来，是否恩怨香臭不分？而拿公平正直来回报怨恨，拿恩惠来酬答恩惠，不合道义，一点不给予别人，一点不从别人处索取，都是理想的做人原则，可以追求，但做到并不容易。相比较，贤者的能正确充分地认识自己的不足，不犯同样的过错，欢迎人家指出自己的缺点，这些品德，只要“毋意，毋必，毋固，毋我”（《论语·子罕》），还是可以努力去做的。做平庸的人缺点多优点少，但较之小人的一意害人，性质截然不同。所以做不了贤者，宁可做一个庸人，千万不能堕为小人。

四　天下有一人知己

天下有一人知己，可以不恨。不独人也，物亦有之。如菊以渊明为知己❶，梅以和靖为知己❷，竹以子猷为知己❸，莲以濂溪为

知己[4]，桃以避秦人为知己[5]，杏以董奉为知己[6]，石以米颠为知己[7]，荔枝以太真为知己[8]，茶以卢仝、陆羽为知己[9]，香草以灵均为知己[10]，莼鲈以季鹰为知己[11]，蕉以怀素为知己[12]，瓜以邵平为知己[13]，鸡以处宗为知己[14]，鹅以右军为知己[15]，鼓以祢衡为知己[16]，琵琶以明妃为知己[17]。一与之订，千秋不移。若松之于秦始[18]，鹤之于卫懿[19]，正所谓不可与作缘者也。

【原评】

查二瞻曰：此非松、鹤有求于秦始、卫懿，不幸为其所近，欲避之而不能耳。

殷日戒曰：二君究非知松、鹤者，然亦无损其为松、鹤。

周星远曰：鹤于卫懿，犹当感恩。至吕政五大夫之爵，直是唐突十八公耳。

王名友曰：松遇封，鹤乘轩，还是知己。世间尚有劚松煮鹤者，此又秦、卫之罪人也。

张竹坡曰：人中无知己，而下求于物，是物幸而人不幸矣。物不遇知己而滥用于人，是人快而物不快矣。可见知己之难，知其难方能知其乐。

【注释】

❶ 渊明：即东晋大诗人陶潜。其诗有"采菊东篱下，悠然见南山"句。❷ 和靖：即北宋诗人林逋。隐居西湖孤山，赏梅养鹤，终身未娶。❸ 子猷：即东晋王徽之，大书法家王羲之之子，性喜种竹。❹ 濂溪：即北宋学者周敦颐，著有名篇《爱莲说》。❺ 秦人：语本陶渊明《桃花源记》。❻ 董奉：三国吴名医。据说他为人治病不取酬，愈者植杏即可。❼ 米颠：即宋代书法家米芾，嗜藏金石古玩，人称米颠。❽ 太真：即唐玄宗宠妃杨玉环，嗜食荔枝。❾ 卢仝、陆羽：均唐代诗人，并通茶道。卢仝有《茶歌》，陆羽有《茶经》。❿ 灵均：即战国时期楚国诗人屈原。其诗往往以"善鸟香草，以配忠贞"(王逸《离骚序》)。⓫ 季鹰：即晋人张翰。史载其见秋风起而思故乡吴中的莼鲈，遂辞官还乡。⓬ 怀素：唐代僧人，书法家。传说他好用蕉叶写字。⓭ 邵平：即召平，秦广陵人，封东陵侯。秦亡，其种瓜长安城东，瓜硕大甜美。⓮ 处宗：晋沛国人，官兖州刺史。传说他养有一鸡，能作人语，并能谈论。⓯ 右军：即晋人王羲之，著名书法家，性喜鹅。据载他为山阴道士书《道德经》，讨鹅为润笔。⓰ 祢衡：东汉人。为人气刚性傲。曹操欲辱之，召为鼓吏，终反受其辱。⓱ 明妃：汉元帝时宫人，出塞和番，又称王昭君。⓲ 秦始：即秦始皇。史载其游泰山返，遇暴雨，避松下，因封松为五大夫。⓳ 卫懿：即卫懿公，好鹤。其所养鹤享有大夫之俸禄与车乘。

【评析】

知己难遇，这是千古以来文人墨客诉说不尽的话题。唯在张潮看来，所谓知己，除了得到赏重推尊，还要能量才而用，使人尽其能，物得其用。如陶渊明与菊，林和靖与梅，王子猷与竹，周敦颐与莲，避秦人与桃，董奉与杏，米芾与石，杨贵妃与荔枝，卢仝、陆羽与茶，屈原与香草，张翰与莼鲈，怀素与蕉，召平与瓜，宋处宗与鸡，王羲之与鹅，祢衡与鼓，王昭君与琵琶。而像秦始皇对松、卫懿公对鹤，尊则尊矣，均未能使之得其所哉。这段文字在表现手法上，欲说知己难觅，不以正面申说，而假物为譬，诚如张竹坡评："人中无知己，而下求于物，是物幸而人不幸矣。"物能有知己人却不能，人的悲哀愈彰。

五　为月忧云

为月忧云，为书忧蠹，为花忧风雨，为才子、佳人忧命薄，真是菩萨心肠。

【原评】

余淡心曰：洵如君言，亦安有乐时耶！

孙松坪曰：所谓“君子有终身之忧”者耶！

黄交三曰：“为才子、佳人忧命薄”一语，真令人泪湿青衫。

张竹坡曰：第四忧，恐命薄者消受不起。

江含徵曰：我读此书时，不免为蟹忧雾。

竹坡又曰：江子此言，直是为自己忧蟹耳。

尤悔庵曰：杞人忧天，嫠妇忧国，无乃类是。

【评析】

月能不为云遮，朗照乾坤；书能不为蠹蚀，永葆墨香，一字不残；花能不遭风雨摧残，芳香久驻，绽放四季；才子能够尽展雄才，佳人能够富贵尊荣，这些，都是圆满而令人惬意的。但“人有悲欢离合，月有阴晴圆缺，此事古难全”（苏轼《水调歌头·明月几时有》），圆满固然为人人向往，但事事圆满，人间又何处可见。

月盈必亏，此是自然规律；水满不溢，则是有时可以做到的。为人亦然，只要一日三省，经常省察自身，不断总结教训经验，人生中多点圆满，少点缺陷，也并非不能做到的事。而如果再多些张潮辈具“菩萨心肠”者，多患缺陷，少做或不做不利于人的事，明月朗照的社会也不难实现。

六　花不可以无蝶

花不可以无蝶，山不可以无泉，石不可以无苔，水不可以无藻，乔木不可以无藤萝，人不可以无癖。

【原评】

黄石闾曰：“事到可传皆具癖”，正谓此耳。

孙松坪曰：和长舆却未许藉口。

【评析】

彩蝶翩翩花间，花蝶相映；青泉流出山间，淙淙穿过；奇形异石，满缀苍翠欲滴的绿苔；一泓碧水，长满绿油油的萍藻；百年乔木，爬满了密密的青藤，这是多么富有诗意、妙趣横生的意象。相反，若花间无蝶，山中无泉，石上无苔，水中无藻，乔木身上没了藤萝，清爽固然，却不免单一、乏味，无了生机，失了妙趣。张潮在此一气举出许多相映相衬的例子，目的还在于末一句的譬人：人若无癖，情景亦同。癖的崇尚，在晚明以来便已勃然兴起。这是伴随着资本主义萌芽而起的新人文思潮的回声，是对程朱理学禁欲的反动，读者不可不察。

七 春听鸟声

春听鸟声，夏听蝉声，秋听虫声，冬听雪声，白昼听棋声，月下听箫声，山中听松风声，水际听欸乃声，方不虚生此世耳。若恶少斥辱，悍妻诟谇，真不若耳聋也。

【原评】

黄仙裳曰：此诸种声颇易得，在人能领略耳。

朱菊山曰：山老所居，乃城市山林，故其言如此。若我辈日在广陵城市中，求一鸟声，不啻如凤凰之鸣，顾可易言耶！

释中洲曰：昔文殊选二十五位圆通，以普门耳根为第一。今心斋居士耳根不减普门。吾他日选圆通，自当以心斋为第一矣。

张竹坡曰：久客者，欲听儿辈读书声，了不可得。

张迂庵曰：可见对恶少悍妻，尚不若日与禽虫周旋也。

又曰：读此，方知先生耳聋之妙。

【评析】

任何事物都是相对存在的，善与恶、美与丑、多与少、成与败，有了对立的一方，也才有相对立的另一方。有对立存在，便有了比较，有了映衬，这也是文艺创作中普遍运用这种手法的基础。这则文字同样也运用了对立比较的手法。鸟声、蝉声、虫声、雪声、棋声、箫声、松声、船橹声，在特定的时间、空间中去感受，都有着诗一样的美感，古来诗人咏及者，也不乏人在；但相反，遭恶少辱骂，被悍妻纠缠，却只能令人羞愤、沮丧、厌恶、烦恼。作者将造成截然对立感受的同一物——声音放在一起，以对比造成的巨大反差相映衬，艺术效果十分突出。

八 上元须酌豪友

上元须酌豪友，端午须酌丽友，七夕须酌韵友，中秋须酌淡友，重九须酌逸友。

【原评】

朱菊山曰：我于诸友中，当何所属耶？

王武徵曰：君当在豪与韵之间耳。

王名友曰：维扬丽友多，豪友少，韵友更少。至于淡友、逸友，则削迹矣。

张竹坡曰：诸友易得，发心酌之者为难能耳。

顾天石曰：除夕须酌不得意之友。

徐砚谷曰：惟我则无时不可酌耳。

尤谨庸曰：上元酌灯，端午酌采丝，七夕酌双星，中秋酌月，重九酌菊，则吾友俱备矣。

【评析】

传统节日由于其历史的积淀，不同的节日便有着不同的文化蕴涵，而过不同的节日也就有了不同的感受。上元节新春伊始，吃元宵、燃爆竹，寓意新的一年圆圆满满，红红火火，当此佳节，与豪迈之友相伴，更能增添豪气、信心。端午节有诸多的神话传说，但无论是纪念伍子胥、曹娥，还是纪念屈原，被纪念者多因政治罹难。如此，在张潮看来，倒不如对佳人饮美酒、沉湎生活、放浪形骸更觉惬意。七夕是传说中牛女相会的日子，更富有浪漫的气氛，此日与文友相会，饮酒做诗，当然更为合适。中秋月圆，象征圆满，亦为亲人团聚的日子，但游子在外，能与亲友团圆者几稀，能处处圆满的也不会很多，此时最思乡，得与淡薄者在一起，无论异乡为客，还是仕途失意，都不必介意，放怀畅饮，亦会乐在其中。九九重阳，人们登高野宴，佩茱萸，饮菊花酒，以求免祸呈祥。张潮由历史看到了宦海不测，深感不汲汲功名，不入是非窝，才能做到远祸全身，所以他想到了山林隐逸。而当重阳之日，在野游中，与一二逸者对饮，学点隐者的境界，对过于热衷功名的人，未尝不是一剂清凉散。

九　鳞虫中金鱼

鳞虫中金鱼，羽虫中紫燕，可云物类神仙。正如东方曼倩避世金马门[1]，人不得而害之。

【原评】

江含徵曰：金鱼之所以免汤镬者，以其色胜而味苦耳。昔人有以重价觅奇特者以馈邑侯，邑侯他日谓之曰："贤所赠花鱼，殊无味。"盖已烹之矣。世岂少削圆方竹杖者哉！

【注释】

❶ 东方曼倩：即东方朔，西汉武帝时为太中大夫，以诙谐滑稽著名。金马门：官署之门，以门旁有铜马，故称。后为官署的代称。

【评析】

金鱼色胜味苦，可作观赏而不宜食用，故人家有养之者，无杀之者；紫燕在民间俗称宜鸟，象征吉祥，虽多筑巢人家室内梁上，也无人捕杀。从这一点看，它们与东方朔身在朝廷，伴君之侧，却无不测之虞，庶几近之。

神仙逍遥，多在山中，远离社会，与险恶世风隔绝；而东方朔伴如虎之君，金鱼、紫燕与世人混处，其神仙更不易做。

这节文字在比喻上有几处称奇：一、神仙由人修成，称物类神仙，此一奇；鳞、羽类动物无数，不言其他，独说金鱼、紫燕，此二奇；再将金鱼、紫燕比东方朔，此三奇。

比类新鲜、生动，妙趣无穷。

一〇　入世须学东方曼倩

入世须学东方曼倩，出世须学佛印了元❶。

【原评】

江含徵曰：武帝高明喜杀，而曼倩能免于死者，亦全赖吃了长生酒耳。

殷日戒曰：曼倩诗有云："依隐玩世，诡时不逢。"此其所以免死也。

石天外曰：入得世，然后出得世。入世出世，打成一片，方有得心应手处。

【注释】

❶ 佛印了元：北宋高僧，字觉老，俗姓林，饶州人。曾住持庐山归宗寺、镇江金山寺、江西大仰寺等，与苏东坡友善。

【评析】

俗语说伴君如伴虎，稍有不慎，便会招致杀身之祸，这在历史上有大量事实证明。又说宦海不测，随时有翻船之虞，这在古时官场，同样可以有很多例子说明。而如东方朔，官太中大夫，"常在侧侍中"，为武帝"数召至前谈语，人主未尝不说"，老死为帝所宠，的确鲜见。究其原因，还在于他身在庙堂，却能以朝廷间为避世之所，如他所说的"陆沉于俗，避世金马门，宫殿中可以避世全身，何必深山之中，蒿芦之下"，正此之谓。既然以朝廷为避世之所，他自然不会去与人争竞，不择手段；不会为功名得失、个人荣辱而坑人伤己、身心俱累；不会太过执著，斤斤计较；不会太重身份与形象，时时伪装自己。如此，加上其佯狂滑稽，同僚欢喜，君主欢喜，皆大欢喜，东方朔也得其所哉。此可为做官之座右铭。

所谓"出世须学佛印了元"，乃是对出家逃禅者言。了元十五岁出家，十九岁往庐山参见开先善暹，"凡四十年间，德化缁素，缙绅之贤者多与之游"（《佛祖历代通载》卷十九）。而与苏轼兄弟的交往，相互"以诗颂为禅悦之乐"，更传为文坛佳话。修佛在于修心，并不一定过拘于形式，非在深山丛林中足不出户方可。或者说，出世又须入世，为勘破世相故，为救世故。所以如了元者，真可为大师。此可为出家者座右铭。

一一　赏花宜对佳人

赏花宜对佳人，醉月宜对韵人，映雪宜对高人。

【原评】

余淡心曰：花即佳人，月即韵人，雪即高人。既已赏花、醉月、映雪，即与对佳人、韵人、高人无异也。

江含徵曰：若对此君仍大嚼，世间那有扬州鹤！

张竹坡曰：聚花、月、雪于一时，合佳、韵、高为一人，吾当不赏而心醉矣。

【评析】

就美学欣赏来讲，被欣赏对象必须具有美感，才能完成欣赏美的过程，这是审美的一般规律。就这则文字而言，欣赏之物——花、月、雪无疑都是具有美感的景观，古往今来，文人骚客也留下了不少观赏把玩后的绝妙好辞，为人称道。但张潮这里所说的还不仅是独赏，是与人共观，于被欣赏物之外，再添了一项内容，如此，被添的内容与被欣赏物是否和谐，就不能不讲究了。“花即佳人，月即韵人，雪即高人”，佳人、韵人、高人因为其与景观的交融，相互映衬，也使得花、月、雪由静而动，平添了审美的机趣。

一二　对渊博友

对渊博友，如读异书；对风雅友，如读名人诗文；对谨饬友，如读圣贤经传；对滑稽友，如阅传奇小说。

【原评】

李圣许曰：读这几种书，亦如对这几种友。

张竹坡曰：善于读书、取友之言。

【评析】

“书籍不仅是人们交往的工具，不仅是信息的传播者，而最主要的——是洞察周围现实生活的工具，是自然界中有理智的一分子——人的自我见解。”读书万卷始通神。读书是人们获取知识的主要手段。其实，人作为生活的主体，人生也是一部大书，同样包蕴着丰富、翔实的内容。世事洞明皆学问，人情练达即文章。人生这部大书里有着比书本更鲜活、更实用的知识。所以，在与人交往中，尤其是与朋友交往也会受益匪浅。朋友也是自己为人行事的参考书。“人各有其性情，各有其声口”，不同的朋友有着不同的风格。渊博者见多识广，天南海北，古今中外，鲜有不知，与知识渊博的朋友交往，好像在读一部无所不包的奇书，让人耳目一新。风流儒雅者才情不凡，风度翩翩，举手投足间透露着潇洒与雍容，与风流儒雅的朋友在一起，恰似在欣赏名人诗文创作。圣经贤传讲人生、谈大道，教人以规范，而品行端方，为人严谨者当然具有典型示范意义，与此等人交往，其言传身教，以身说法，也更具感染力。诙谐多趣者言多趣谈，行为诡异，与诙谐滑稽的朋友相晤对，像在读一部妙趣横生的传奇小说，令人捧腹。

朋友不同，韵致各别，愿我们每个人都有几个风格不同的朋友，为我们的生活增加色彩。

一三　楷书须如文人

楷书须如文人，草书须如名将，行书介乎二者之间，如羊叔子缓带轻裘[1]，正是佳处。

【原评】

程韡老曰：心斋不工书法，乃解作此语耶！

张竹坡曰：所以羲之必做右将军。

【注释】

❶ 羊叔子缓带轻裘：晋人羊祜，字叔子。封钜平侯，都督荆州诸军事，长达十年。在任开屯田，储军备，筹划灭吴。素日轻裘缓带，身不披甲，与吴将陆抗互通使节，绥怀远近，以收江汉及吴人之心。事见《晋书》本传。

【评析】

书法艺术是中国传统文化中具有悠久历史又取得辉煌成就的艺术门类之一。其体分真、草、隶、篆、行诸种，在各种字体间，既相互借鉴，相互影响，风格上又存在质的不同。张潮这则文字，则专谈楷、草、行风格上的区别与联系。

楷书即真书，又称正书，以形体方正，可作楷模，故称。孙过庭《书谱》中说："真以点画为形质，使转为情性。"说的是楷书书写，既要端庄凝重，又要圆润利落，沉静有致，方为得法，这正如文人，秀雅端庄。

草书又有章草、独草、连绵草诸多称法。其产生，在于流便省简。宋高宗《翰墨志》中说："草书之法昔人用以趣急速而务简易，删难省烦，损复为草。"正说明了这一特点。孙过庭《书谱》中说："草贵流而畅。"又说："草以点画为情性，使转为形质。"这说出了它与楷体恰然相对的特征。草书最讲流畅，要写得舒卷浩荡，冲折起伏，气势磅礴，淋漓酣畅，这也如雄猛潇洒的名将。

行书是介于楷隶与草书之间的一种书体。关于其特点，有口诀说："行笔而不停，著纸而不刻，轻转而重按，若水流云行，永存乎生意也。"行书的书写，须驾驭自如，笔势流畅，笔墨精到，气度安闲，书韵隽永，张潮文字中以"羊叔子缓带轻裘"作比，可谓恰切。

人们品评书法，多以"文人气息"、"将军气息"作判语，张潮以文人、名将等区别不同书体间相别的风格，可谓得其三昧。

一四　人须求可入诗

人须求可入诗，物须求可入画。

【原评】

龚半千曰：物之不可入画者，猪也，阿堵物也，恶少年也。

张竹坡曰：诗亦求可见得人，画亦求可像个物。

石天外曰：人须求可入画，物须求可入诗，亦妙。

【评析】

张潮是一个文人，颇有些唯美主义思想倾向。在他看来，人应有可以入诗的韵味，物应有可以入画的美感。人可入诗，物可入画，只是张潮的美好设想。

人要入诗，必须具备诗的灵动的特质，要热情洋溢、生动活泼、情感丰富、神采飞扬，有冰清玉洁的高贵品质。只有这样，才会被人在诗里吟咏、赞颂。因诗的格调是清新俊雅、刚健向上的，所以诗里所咏之人必须是飘逸高洁的，一个人若能入诗，定然是超凡脱俗的。

绘画作为一门艺术，讲求气韵生动，高雅脱俗。物要入画，必须美丽、有神韵。如山川、鲜花、陶瓷、雪景等。

其实，在生活中，可入诗之人凤毛麟角，物，只要实用便满足了人们的基本要求，可入画之物也是屈指可数的。但张潮这则文字为我们描绘了诗情画意的人类理想生活境界，启示人们不断加强修养，做一个高品位的人；物，不仅要实用，还要美观。正如高尔基所言："照天性来说，人都是艺术家。他无论在什么地方，总是希望把'美'带到他的生活中去。"

一五　少年人须有老成之识见

少年人须有老成之识见，老成人须有少年之襟怀。

【原评】

江含徵曰：今之钟鸣漏尽、白发盈头者，若多收几斛麦，便欲置侧室，岂非有少年襟怀耶！独是少年老成者少耳。

张竹坡曰：十七八岁便有妾，亦居然少年老成。

李若金曰：老而腐板，定非豪杰。

王司直曰：如此方不使岁月弄人。

【评析】

少年人与老年人相比，各有所长，亦各有所短。少年人意气风发，血气方刚，大胆革新，勇于进取，颇有"初生牛犊不怕虎"的气概，这是其优势。缺陷在于少年人涉世不深，阅历较浅，缺乏磨炼，做事无所顾忌，感情容易冲动，对问题的处理也会因理智不够而失之偏颇。而老年人经过了数十年的人生沧桑，积累了丰富的人生经验，所以处事老到。不足的是老年人多有暮气，有时会墨守成规，不思进取，不容易接受新事物，缺少激情与热忱。张潮主张老少互补，少年人学习老年人的老成识见，办事就会少一些浮浅与鲁莽，多一些沉稳与厚重。老年人应当有年轻人朝气蓬勃的胸怀，乐观向上，积极进取，观念更新，这样就会少一些暮气。若少年人与老年人能互取所长克己所短，少年人有老成之识见，老年人又有少年之襟怀，那么，少年人与老年人都可成为时代的弄潮儿。

一六　春者天之本怀

春者，天之本怀；秋者，天之别调。

【原评】

石天外曰：此是透彻性命关头语。

袁江中曰：得春气者，人之本怀；得秋气者，人之别调。

尤悔庵曰：夏者，天之客气；冬者，天之素风。

陆云士曰：和神当春，清节为秋，天在人中矣。

【评析】

春天是一年四季之始。经过冰封雪冻的漫漫寒冬，伴随着醉人的春风吹来，小草吐出了新绿，树的枝条冒出嫩芽，万物复苏，百鸟鸣唱，到处莺歌燕舞，一派生机勃勃欣欣向荣的景象。天有好生之德，在张潮看来，这旺盛的生机，崭新的气象，正是大自然本有的特色，故曰“春者天之本怀”。

秋天则是另一种景观。春华秋实，秋天是丰收的季节，果树压弯了腰，漫山遍野的玉米、高粱、大豆、水稻喜煞了企盼丰收的老农。若在一日之中，春天是早晨的太阳，夏天是正午的太阳，秋天是下午的太阳，日落时的景致同样美丽，唐诗说“夕阳无限好”便是对此发出的由衷礼赞。但接着又说“只是近黄昏”，对它的行将落山，也表示出深深的叹惋。秋正如是，天高云淡，北燕南飞，金子般的颜色美则美矣，但飒飒秋风已显萧杀之气，预示着寒冬即将来临。这时的大自然，恰如人生暮年，气力已竭，虽有黄昏之美，惜其不永，故张潮曰“秋者天之别调”，以“别调”许之，可谓确当。

一七　昔人云

昔人云：若无花月美人，不愿生此世界。予益一语云：若无翰墨❶棋酒，不必定作人身。

【原评】

殷日戒曰：枉为人身，生在世界者，急宜猛省。

顾天石曰：海外诸国，决无翰、墨、棋、酒，即有，亦不与吾同，一般有人，何也？

胡会来曰：若无豪杰、文人，亦不须要此世界。

【注释】

❶ 翰墨：原指笔墨，借称诗文书画作品。

【评析】

花、月、美人作为美的自然存在，可以给人精神上的愉悦，是勿庸赘言的。这个世界上若没有争妍斗艳的鲜花、高洁圣灵的月亮、靓丽迷人的佳人，那将是充满缺憾的。

花、月、美人，作为审美对象，是客观存在。诗文书画及弈棋饮酒则不同。它们固然能够抒情言志，宣泄郁闷，颐养性情，但更重审美主体的参与，要人在挥毫抒写、对弈、对饮中才能实现，这是创造或劳动中的愉悦。从事劳动与创造也是人与动物的本质区别。张潮所谓“无翰墨棋酒，不必定作人身”似乎已朦胧意识到了这个道理。

当然，花月美人、翰墨棋酒之类，为封建文人恣意宣扬，标榜文酒风流，不无病态，但也给我们两点启示：一、人类需要一个美的世界、美的生存环境；二、人应有高情雅趣，高情雅趣的培养在于劳动与创造，人在劳动与创造中享受到精神的愉悦，这正是人高于动物的本质所在。

一八　愿在木而为樗

愿在木而为樗❶（不才，终其天年），愿在草而为蓍❷（前知），愿在鸟而为鸥（忘机）❸，愿在兽而为廌❹（触邪），愿在虫而为蝶（花间栩栩），愿在鱼而为鲲❺（逍遥游）。

【原评】

吴园次曰：较之《闲情》一赋，所愿更自不同。

郑破水曰：我愿生生世世为顽石。

尤悔庵曰：第一大愿。

又曰：愿在人而为梦。

尤慧珠曰：我亦有大愿，愿在梦而为影。

弟木山曰：前四愿皆是相反。盖“前知”则必多“才”，“忘机”则不能“触邪”也。

【注释】

❶ 樗（chū）：落叶乔木，即臭椿。❷ 蓍（shī）：多年生草本植物，古代用以占卜。❸ 鸥：水鸟名。机：通“几”，事物变化的迹象与征兆。忘机，即无忧无虑，不考虑得失。❹ 廌（zhì）：即解廌（豸），神兽名，相传它能辨别曲直。❺ 鲲：大鱼名。

【评析】

这里明说物，实况人。增一“愿”字，以物况人的用意更昭然若揭了。至于作者为何选择这些物来表达其人生愿望，在其小字夹注中有明确交代，如樗“不才终其天年”，蓍草能够“前知”，鸥鸟“忘机”，解豸“触邪”，蝴蝶“花间栩栩”，鲲鹏可“逍遥游”。而要阐明作者为何会有这些人生理想而不是其他别的理想，却要从作者的时代人生遭际中去挖掘。因才华横溢多招忌被害，才子因才而丧生，故作者说愿作不才无用的臭椿不被人斫而得享天年；因人生前途难料，茫茫莫测，故作者说愿为蓍草，可以卜知前事，以防不测；因人心不足，常为得失否泰、荣辱穷通烦恼，故作者说愿为无忧无虑的鸥鸟，自由自在地翱翔；因世情险恶，人心叵测，善恶难辨，故作者说愿为解豸，能够明察秋毫，辨别奸小良善，不为恶人蒙蔽；因人世蝇营狗苟，混浊肮脏，故作者说愿为蝴蝶，起舞于花间香径；因人生多不如意，多有拘牵，每为物累，故作者说愿为逍遥遨游的鲲鹏。

以物况人，显示了作者的无奈。但对于强者来说，只要积极进取，勇于拼搏，有耕耘定有收获。消极避世带来的只能是永远的遗憾。

一九　黄九烟先生云

黄九烟❶先生云："古今人必有其偶双，千古而无偶者，其惟盘古❷乎！"予谓："盘古亦未尝无偶，但我辈不及见耳。其人为谁？即此劫❸尽时，最后一人是也。"

【原评】

孙松坪曰：如此眼光，何啻出牛背上耶！

洪秋士曰：偶亦不必定是两人，有三人为偶者，有四人为偶者，有五、六、七、八人为偶者，是又不可不知。

【注释】

❶ 黄九烟：明清之际文学家黄周星，字九烟，号圃庵。著《圃庵诗文》、《刍狗斋集》等。❷ 盘古：古代神话中开天辟地创世纪的人。❸ 劫：梵文音译"劫波"的省称。源于印度婆罗门教，称世界要经过许多劫，每当劫末，劫火烧毁一切，然后重新创造世界。佛教沿其说，分大、中、小三劫，一大劫包括成、住、坏、空四个劫期。

【评析】

这则文字幽默机趣而富有智慧。黄周星用的是反问，在问而不答中，答案似乎已经明确：盘古为千古来第一人，无人能比。张潮则用设问，在一问一答中，对黄周星这看似无可辩驳的结论提出否定。认为盘古也有人与他匹配，这便是劫尽时最后一人。盘古为始，此最后一人为终，以终配始，谁说不妥！由此我们联想到，做人做事虽不必一味中庸，但也千万不可目空一切，妄自尊大，过于绝对，以盘古氏创世纪之伟大，尚不能千古无匹，俗世凡人，一点成绩的取得，些许功名的到手，又有何理由自骄骄人？而不可一世、惟我独尊、欺凌弱小者，读此段话语，岂能不生惭愧？

二〇　古人以冬为三余

古人以冬为三余[1]，予谓当以夏为三余：晨起者，夜之余；夜坐者，昼之余；午睡者，应酬人事之余。古人诗云“我爱夏日长”[2]，洵不诬也。

【原评】

张竹坡曰：眼前问冬夏皆有余者，能几人乎？

张迂庵曰：此当是先生辛未年以前语。

【注释】

❶ 三余：语本《三国志·魏志·王肃传》注引《魏略》：“（董）遇言当以三余。或问三余之意，遇言：冬者岁之余，夜者日之余，阴雨者时之余也。”❷ 我爱夏日长：语出唐文宗与柳公权联句：“人皆苦炎热，我爱夏日长。”事载《唐诗纪事》。

【评析】

自古及今有许多关于时间的格言警句。如“人生天地之间，若白驹之过隙，忽然而已”，“花有重开日，人无再少年”等劝人惜时。“一寸光阴一寸金，寸金难买寸光阴”，“今天太宝贵，不应该为酸苦的忧虑和辛涩的悔恨所销蚀。把下巴抬起来，使思想焕发出光彩，像春阳下跳跃的山泉。抓住今天，它不再回来”等则言时间的无价，劝人有所作为。这则文字同样是关于时间的议论。

古人以冬为三余，张潮以夏为三余。冬为三余也好，夏为三余也罢，对于善于利用时间、能主宰时间者来说并无关紧要。如欧阳修所言："余平生所作文章，多在三上，乃马上、枕上、厕上也。盖惟此尤可以属思尔。"珍惜时间者，总能找到学习充电的机会，做到闲而不闲。"辛勤的蜜蜂永远没有时间的悲哀"，当我们身上惰性作祟，又以"太忙"替自己逃避读书开脱时；当我们感叹时间不足无暇学习时，我们有没有反问过自己：你见到过蜜蜂采蜜吗？你有没有真正做时间的主人？

二一　庄周梦为蝴蝶

庄周[1]梦为蝴蝶，庄周之幸也；蝴蝶梦为庄周，蝴蝶之不幸也。

【原评】

黄九烟曰：惟庄周乃能梦为蝴蝶，惟蝴蝶乃能梦为庄周耳。若世之扰扰红尘者，其能有此等梦乎！

孙恺似曰：君于梦之中又占其梦耶！

江含徵曰：周之喜梦为蝴蝶者，以其入花深也。若梦甫酣而乍醒，则又如嗜酒者梦赴席而为妻惊醒，不得不痛加诟谇矣。

张竹坡曰：我何不幸而为蝴蝶之梦者？

【注释】

❶ 庄周：战国时期宋国蒙人。有《庄子》三十三篇。主张齐万物等生死，为道家代表人物。

【评析】

这则文字语本《庄子·齐物论》："昔者庄周梦为蝴蝶，栩栩然蝴蝶也，自喻适志与！不知周也。俄然觉，则蘧蘧然周也。不知周之梦为蝴蝶与，蝴蝶之梦为周与？"文中本意，在强调万物等同的思想。也就是说，我即梦中之物，物即梦中之我，达到一种物我两忘的境界。而张潮这里所说的，却与此并不相同。

在张潮看来，红尘纷扰，世情浇薄，人心叵测，在名缰利锁的束缚中，人很难自适其性地生活，无法企及"心无挂碍，无有恐怖，远离颠倒梦想"的境界。所以，他羡慕蝴蝶的栩栩然花间的从容与闲适。基于此，他认为庄周所说的梦为蝴蝶，倘若是真，那倒是莫大的幸福。相反，以蝴蝶之自由自在，若梦为庄周，沦落于红尘中，受人生诸多苦痛，那也确实是蝴蝶的悲哀。

二二 艺花可以邀蝶

艺[1]花可以邀蝶，累石可以邀云，栽松可以邀风，贮水可以邀萍，筑台可以邀月，种蕉可以邀雨，植柳可以邀蝉。

【原评】

曹秋岳曰：藏书可以邀友。

崔莲峰曰：酿酒可以邀我。

尤艮斋曰：安得此贤主人？

尤慧珠曰：贤主人非心斋而谁乎？

倪永清曰：选诗可以邀谤。

陆云士曰：积德可以邀天，力耕可以邀地，乃无意相邀。而若邀之者，与邀名邀利者迥异。

庞天池曰：不仁可以邀富。

【注释】

[1] 艺：种植。

【评析】

蝶舞花间，云浮山上，风过松林，萍浮水面，月洒高台，雨滴芭蕉，蝉鸣柳枝。凡物以类相聚。蝶与花、云与山、风与松、萍与水，月光与高台、雨与芭蕉、蝉与柳树，其相互因依，因果共存，由各自因缘决定。人亦如是，以群相分，君子交君子，小人交小人，英雄相惜互爱，奸小臭味相投。正是佛法云：种瓜得瓜，种豆得豆，无因便无果，果由因而生。张潮这则文字启示人们，只要有辛勤的耕耘，才会有收获。有了自助，才会有人助、天助。

二三 景有言之极幽而实萧索者

景有言之极幽而实萧索[1]者，烟雨也；境有言之极雅而实难堪者，贫病也；声有言之极韵而实粗鄙者，卖花声也。

【原评】

谢海翁曰：物有言之极俗而实可爱者，阿堵物也。

张竹坡曰：我幸得极雅之境。

【注释】

❶ 萧索：萧条冷清。

【评析】

烟雨、贫病、卖花声，在古代文人墨客笔下，都有过精彩描写，留下了千古绝唱。叹雨如杜甫《春夜喜雨》、张志和《渔父》、韦应物《赋得暮雨送李胄》、王建《雨过山林》、韩愈《早春呈水部张十八员外》、刘禹锡《竹枝词》，多不胜举；叹贫病者如杜甫《茅屋为秋风所破歌》、《自京赴奉先县咏怀五百字》、《登高》，孟云卿《寒食》，韩愈《左迁至蓝关示侄孙湘》，韦应物《寄李儋元锡》，王禹偁《对雪》，苏舜钦《城南感呈永叔》，美不胜收；而咏及卖花声者，以陆游"小楼一夜听春雨，深巷明朝卖杏花"句最为驰名。

在诗人笔下，烟雨之幽，贫病之雅，卖花声之韵，都不难见出。但这都是艺术美的显现，是诗人艺术加工的精神产物。具体到实境，濛濛细雨是否确有迷人的雅致，则取决于感受者的心态。若人处于生活的窘迫中，烟雨亦会使其忧愁悲伤。而人处于优裕状态下，在迷濛细雨中散步也会神清气爽，别有滋味在心头。如此烟雨便具有了诗意。贫病在古人诗中之所以有"雅"的美感，与"君子固穷"的旧知识分子观念有关。君子远离富贵污浊，免去曲意逢迎之事，贫病也是极清雅的。他们鄙视为富不仁之辈，崇尚颜回"一箪食，一瓢饮"的安贫乐道生活。当然，旧知识分子审美观念有点畸形，他们欣赏的不是健壮，而是蒲柳弱质。在现实生活中，贫寒疾病对任何人，都只能带来痛苦。至于卖花声，因与鲜花相联，共同形成意象，自然韵味无穷，在诗人笔下卖花声也成了清丽婉转的天籁。

二四　才子而富贵

才子而富贵，定从福、慧❶双修得来。

【原评】

冒青若曰：才子富贵难兼。若能运用富贵，才是才子，才是福、慧双修。世岂无才子而富贵者乎？徒自贪著，无济于人，仍是有福无慧。

陈鹤山曰：释氏云：修福不修慧，象身挂璎珞；修慧不修福，罗汉供应薄。正以其难兼耳。山翁发为此论，直是夫子自道。

江含徵曰：宁可拼一副菜园肚皮，不可有一副酒肉面孔。

【注释】

❶ 福慧：佛教术语，又称福观。指福德与智慧两种庄严。福者修六度中布施、

持戒、忍辱、精进、禅定、般若等善业，属利他；慧者智慧，即观念真理，属自利。

【评析】

《易经》云："积善之家必有余庆。积不善之家必有余殃。"佛教更讲三世因果。这辈子富有，是上辈子布施积德所致。今生富贵，由前世修行而得。才子而富贵，乃世上十全之美的事，定是上世福、慧双修才得到的。

在现实生活中，才子、富贵似乎不可兼得。才高招忌，若高才者恃才傲物，锋芒过露，则必然因此而妨身。古人诗中说"志士幽人莫怨嗟，古来材大难为用"，材大难用，自古而然。既不被用，何来富贵？杨修、李白、苏轼等都是例子。才高者只有将自己的才能发挥出来，才会实现其人生价值，从而推动社会的发展。随着社会的进步，材大难用的现象会越来越少，具有远见卓识的用人者会给才高者提供广阔的舞台，而才高者也要稍敛锋芒，圆融变通，不难为世所用，才子而富贵，也将不难再见。

二五　新月恨其易沉

新月恨其易沉，缺月恨其迟上。

【原评】

孔东塘曰：我唯以月之迟早为睡之迟早耳。

孙松坪曰：第勿使浮云点缀，尘滓太清，足矣。

冒青若曰：天道忌盈。沉与迟，请君勿恨。

张竹坡曰：易沉、迟上，可以卜君子之进退。

【评析】

明月朗照大地，遍洒银辉。围绕着月亮，古来有许多迷人的神话传说。如嫦娥奔月、蟾蜍蚀月、吴刚斫桂、灰飞轮阙、仙人乘鸾等。历代诗人亦用明月作为寄托情志、抒发情感的意象载体，留下许多妙词佳句。如李白的"举杯邀明月"；苏轼的"人有悲欢离合，月有阴晴圆缺，此事古难全，但愿人长久，千里共婵娟"；张若虚的"江天一色无纤尘，皎皎空中孤月轮。江畔何人初见月？江月何年初照人？人生代代无穷已，江月年年只相似。不知江月待何人，但见长江送流水"等。人们热爱明月，欣赏明月，所以对新月易沉、缺月迟上有着深深的遗憾。然而，天有阴晴，月有圆缺，是自然规律，天道忌盈，君子当遵循自然法则，顺乎自然，心中有一轮月，正如禅诗云"无限野云风扫尽，一轮明月照天心"。这样，生活就会少些遗憾，多些圆满。

二六　躬耕吾所不能

躬耕❶吾所不能，学灌园❷而已矣；樵薪❸吾所不能，学薙草❹而已矣。

【原评】

汪扶晨曰：不为老农，而为老圃，可云半个樊迟。

释菌人曰：以灌园、薙草自任，自待可谓不薄。然笔端隐隐有"非其种者，锄而去之"之意。

王司直曰：予自名为识字农夫，得毋妄甚！

【注释】

❶ 躬耕：亲治农事。用作隐居的代称。❷ 灌园：从事田园劳动。《史记·鲁仲连邹阳列传》载："是以孙叔敖三去相而不悔，与陵子仲辞三公为人灌园。"后用作隐退家居的代称。❸ 樵薪：打柴。❹ 薙(tì)草：除草。

【评析】

古代读书人以读书中举、出仕做官为人生追求，于稼穑之道，并不熟稔，也无力去做。然而，他们在不得志时，或官场失意，或致仕家居时，以躬耕、樵薪自命，来标榜其隐逸山林的志趣。其实，读书人是不堪稼穑之苦的，稼穑只是作为他们心理失衡时的调剂与寄托。这则文字非常含蓄地点破了所谓儒者"躬耕樵薪"的本质。作者认为自己亲自去耕田种地，可能做不到，可学浇花灌园还是可以做到的；砍柴樵薪同样无力做到，所能做的是锄锄草而已。灌园圃与治农事，除草与打柴，相去甚远。作者形象地用"不能"、"学"道出他的真诚与实在。所谓儒者"躬耕樵薪"，是无时则隐，待时而起，人在草野，心悬魏阙。无论从何种角度讲，其所谓的"躬耕樵薪"都不可能与农者的辛苦劳作同日而语。

二七　一恨书囊易蛀

一恨书囊易蛀，二恨夏夜有蚊，三恨月台[1]易漏，四恨菊叶多焦，五恨松多大蚁，六恨竹多落叶，七恨桂荷易谢，八恨薜萝藏虺[2]，九恨架花生刺，十恨河豚多毒。

【原评】

江药庵曰：黄山松并无大蚁，可以不恨。

张竹坡曰：安得诸恨物尽有黄山乎！

石天外曰：予另有二恨：一曰才人无行，二曰佳人薄命。

【注释】

❶ 月台：为露天赏月而筑的高台，三面有阶。❷ 薜萝藏虺(huǐ)：薜萝，薜荔，女萝，均植物名。虺，毒蛇。

【评析】

人生在世，有得有失，有圆满，亦有缺憾，自然造化是这样，人生命运的轨迹也是如此。

书蠹蛀书、蚊子叮人、大蚁损松，或危害人类，或破坏人的生存环境，或减灭人的财富，而月台易漏、河豚多毒，或因赏月而费时，或以享美味而担生命风险，于人有得亦有失。至于菊叶多焦、竹多落叶、桂荷易谢、薜萝藏虺、架花生刺，则属于美中不足。

随着文明的发展、科学的进步，人类对自然的驾驭能力不断加强，今天，书蠹、蚊子、大蚁、毒蛇，人们都可以有效防御甚至消灭。人工养殖的河豚味美无毒，温室里植物四季常青，张潮生活在今天，大概会少些遗憾。人类总是在不断发展，生命的意义就在于不断地追求。正因为世上有许多缺憾，才促使我们去奋斗，去改变。

二八　楼上看山

楼上看山，城头看雪，灯前看月，舟中看霞，月下看美人，另是一番情境。

【原评】

江允凝曰：黄山看云，更佳。

倪永清曰：做官时看进士，分金处看文人。

毕右万曰：予每于雨后看柳，觉尘襟俱涤。

尤谨庸曰：山上看雪，雪中看花，花中看美人，亦可。

【评析】

楼上看山，看得高；城头观雪，极目远望，一片白茫茫；灯前看月，灯光与月光相映成趣；舟中看霞光，水天一色，水映霞光，更见迷离；月下看美人，平添几分朦胧之美。由于选择了较佳的角度，便获得较好的审美效果。这很容易使人联想到苏轼的《题西林壁》"横看成岭侧成峰，远近高低各不同。不识庐山真面目，只缘身在此山中"。欣赏山景，站在不同的角度，便会有不同的观感。横看是绵延起伏的山脉，侧看是耸入云霄的高峰。而距离的远近，脚下地势的高低，景观也自有别。身在庐山之中，目睹一隅，自然难识其真正面目。由此可知欣赏山水和自然景色，需要一个角度。为人处事，也有一个角度问题。人们常说"当局者迷，旁观者清"便是这个道理。关键是人们要顾全大局，认清事物本质，不为物障，达到"山高岂碍白云飞，竹密何妨流水过"的境界。

二九　山之光

山之光，水之声，月之色，花之香，文人之韵致，美人之姿态，皆无可名状，无可执著，真足以摄召魂梦，颠倒情思。

【原评】

吴街南曰：以极有韵致之文人，与极有姿态之美人，共坐于山、水、花、月间，不知此时魂梦何如？情思何如？

【评析】

山光、水声、月色、花香，大自然神奇的造化，给人许多美的遐想；文人、美人，万物之灵中的佼佼者，文人的神韵气质、美人的婀娜姿态，总使人销魂落魄，心荡神怡。

山光富于变幻，水声、花香亦有多种，月色朦胧，文人的风神韵致与美人的姿态都是无法具体把握、不可名状的。惟其如此，人们更易于展开想像，对美的对象进行加工创造。又因了加工创造，更使人神往、仰慕。如写美人的"顾盼神飞"用"巧笑倩兮，美目盼兮"，"回眸一笑百媚生，六宫粉黛无颜色"，都是空灵出神，绝妙无穷。

空灵往往给人似是而非，若有所得，又确乎没有得到，若有所悟，其实又没彻底领悟的感觉，山光、水声、月色、花香、文人之韵致、美人之姿态魅力正在于此。

作者没有将自己的理解诉诸文字强加读者，只是将这些事物胪列出来，给读者提供了广阔的想像余地。

三〇　假使梦能自主

假使梦能自主，虽千里无难命驾❶，可不羡长房之缩地❷；死者可以晤对，可不需少君之招魂❸；五岳可以卧游，可不俟婚嫁之尽毕。

【原评】

黄九烟曰：予尝谓“鬼有时胜于人”，正以其能自主耳。

江含徵曰：吾恐“上穷碧落下黄泉，两地茫茫皆不见”也。

张竹坡曰：梦魂能自主，则可一生死，通人鬼。真见道之言矣。

【注释】

❶ 命驾：命令御者驾车。❷ 长房之缩地：晋葛洪《神仙传》五《壶公》载：“房有神术，能缩地脉，千里存在，目前宛然，放之复舒如旧也。”房即东汉方士费长房。❸ 少君之招魂：《汉武帝内传》载：“帝思李夫人，得李少君术，以招致其魂。”李少君，汉代方士，据说能为招魂之术。

【评析】

人生有许多缺憾，而这些缺憾不是人们用主观意志就可以弥补的，其中生离死别就是人们黯神伤魂之憾事。古代有“劝君更尽一杯酒，西出阳关无故人”、“十年生死两茫茫，不思量，自难忘。千里孤坟，无处话凄凉。纵使相逢应不识，尘满面，鬓如霜。夜来幽梦忽还乡。小轩窗，正梳妆。相顾无言，惟有泪千行。料得年年肠断处，明月夜，短松岗”等绝唱。亲人、朋友千里悬隔，交通不便，需时多日才能到达，这对于异乡为客、思乡欲归，或急于赶往远处的人，最是难熬，因此便有了“长房缩地”这一仙话的产生。死者已去，但对生者，伤悼亲人的哀痛一时很难消除，“少君招魂”的神话应运而生。而遍游五岳，对古人来讲，更是一种奢望。蹇驴牛车，舟行徒步，耗资费时，所以只好卧以神游了。这样，千里之行可在刹那，遍观五岳可在须臾。

可惜，这三件事在现实中是做不到的，是作者美好的设想。作者以此为憾，世上众生也永存遗恨。

三一 昭君以和亲而显

昭君以和亲而显，刘蕡[1]以下第而传。可谓之不幸，不可谓之缺陷。

【原评】

江含徵曰：若故折黄雀腿而后医之，亦不可。

尤悔庵曰：不然，一老宫人，一低进士耳。

【注释】

❶ 刘蕡(fén)：唐昌平人，字去华，文宗大和三年应贤良对策，以极言宦官祸国，主考官惧怕，未予录取。时人说："刘蕡不第，我辈登科，实厚颜矣！"

【评析】

昭君出塞，在古代文学创作中，多赋予悲剧主题，如《乐府诗集》所收《昭君怨》写到"翩翩之燕，远集西羌"，"父兮母兮，道里悠长。呜呼哀哉，忧心恻伤"。敦煌石室藏《王昭君变文》中说："昭君一度登山，千回下泪。慈母今何在?""遂使望断黄沙，悲连紫塞，长辞赤县，永别神州。"元人马致远《汉宫秋》杂剧更为悲剧的绝唱，人所熟知，耳熟能详。无论是"永别神州"，不见慈母的悲哀，还是为国力衰弱、忍痛割爱的凄切，昭君在这些作品中都是悲剧的中心，是"不幸"的直接承担者，这也正是张潮所说的"可谓之不幸"。

唐代的刘蕡，在考试对策中，直言极谏，论宦官之祸，终为考官黜退不取。这对于以读书中举、做官显达为正途的文人来说，同样"可谓之不幸"。

昭君未能侍君而远嫁匈奴，刘蕡未及第而才能埋没，这些在当时看来都是不幸，可祸兮，福所倚；福兮，祸所伏。昭君以和亲而显名，刘蕡的铮铮硬骨和浩然正气，也为世人所称道。他们的扬名后世、名存青史，同样是人们孜孜以求的。他们的"不幸"成就了他们的"圆满"，这就是不幸中之大幸，不可谓缺陷。

三二 以爱花之心爱美人

以爱花之心爱美人，则领略自饶别趣；以爱美人之心爱花，则护惜倍有深情。

【原评】

冒辟疆曰：能如此，方是真领略、真护惜也。

张竹坡曰：花与美人，何幸遇此东君。

【评析】

宋元以来，程朱理学为统治阶级推尊，遂成为一统天下的思想。他们主张存天理，灭人欲，非礼勿视，非礼勿听，非礼勿言，非礼勿行。到了明代中晚期，随着资本主义的萌芽，出现了新的社会思潮，好货好色作为个人的正常欲望，得到理论家的肯定，人们不仅讲美食，嗜茶酒，建园林，赏花草，甚至好女色、重情爱。这则文字所披露的思想，正是承此一脉而来。

作者既爱花草，又恋美人，并提出以爱悦花之心去怜惜美人，用爱美人之心去欣赏花的主张。由此可以看出，作者并不赞同放纵情欲。对美人的爱要像欣赏鲜花一样有内涵，有情趣，侧重精神上的愉悦。对花，不仅要将它作为美的欣赏对象，还要在其中寄托情思，对花的喜欢就会更深情。这与他“花即美人”的主张是一致的。古今中外的文学作品，都将花与美人有机连在一起。娇媚艳丽的花与光彩照人的美人都是生活中亮丽的风景，为人平添诸多美丽与妙趣。

三三　美人之胜于花者

美人之胜于花者，解语也；花之胜于美人者，生香也。二者不可得兼，舍生香而取解语者也。

【原评】

王勿翦曰：飞燕吹气若兰，合德体自生香，薛瑶英肌肉皆香。则美人又何尝不生香也！

【评析】

“鱼我所欲也，熊掌亦我所欲也，二者不可得兼，舍鱼而取熊掌者也。”鲜花与美人，亦如此。鲜花生香为人喜欢，美人解语更为重要。人们在观赏鲜花时聊发闲情逸致，但花只给人美的享受，终不解人意，更不会与人进行情感交流。而当夜深孤寂时，解语美人会给人温馨与抚慰；当悲伤失望时，解语美人会给人劝解与安慰；当遭受挫折、壮志未酬之际，解语美人会给人带来鼓励。所以，作者说，鲜花与美人不可得兼，愿舍鲜花而取美人。

明末清初，人们崇尚美人、热爱花草，作者将二者进行形象比较，得出结论。由此可见，人们之间心有灵犀的思想、情感交流仍是第一位的。

有解语美人相伴左右，实乃人生一大乐事，人们要进行心灵交流，当然以相互

理解、互相尊重、情投意合为前提。要是河东狮子吼于耳畔，倒不如以鲜花为伴，梅妻鹤子。

三四 窗内人于窗纸上作字

窗内人于窗纸上作字，吾于窗外观之，极佳。

【原评】

江含徵曰：若索债人于窗外纸上画，吾且望之却走矣。

【评析】

这则文字的佳处在于它本身即构成一幅生动的画面：一所旧式老房，木格窗子，窗棂上糊着素纸，一个人在室内窗前就素纸上挥毫泼墨；室外，又一个人在悄然静观，看到妙处，情不自禁手舞足蹈。

室内人煞有介事，室外人隔着窗户，静心旁观，看到妙处自会浮想联翩，增加了审美情趣。

这观字之人定然是一闲适文人，善于捕捉生活中的闲趣。若是一介农夫，肯定无暇欣赏室内人的写字景况。当然，也与他看到的内容有关，若看到追索债务之人在室内写字，想必他也会逃之夭夭。

三五　少年读书

少年读书，如隙中窥月；中年读书，如庭中望月；老年读书，如台上玩月。皆以阅历之浅深为所得之浅深耳。

【原评】

黄交三曰：真能知读书痛痒者也。

张竹坡曰：吾叔此论，直置身广寒宫里，下视大千世界，皆清光似水矣。

毕右万曰：吾以为学道亦有浅深之别。

【评析】

任何书本文字都是人类文化知识的结晶，是作者对社会、自然、人生参悟领会的总结。而读书可开阔视野，陶冶性情，从书本上汲取营养，掌握知识技能，为立足社会做准备。丰富的人生阅历对作者对读者都是至关重要的。不同的人生阶段，对事物的理解、感受是迥然有别的。

所谓"隙中窥月"、"庭中望月"、"台上玩月"形象说明了读书的三种境界。随着人生阅历的不断丰富，读书的境界会愈来愈高。少年时，阅历尚浅，领悟能力有限，其读书，多就字面作解，恰如缝中窥月；到了中年，有了相当的阅历，其读书，可触类旁通，举一反三，如庭中望月，既见月轮，又见光华；人生也是一部书，老年人经历了人生的酸甜苦辣，其读书，不仅能解字外寓意，甚至对书本的理解，多超乎作者的命意，恰似月台观月，从容潇洒，所见至广。

这则文字只是笼统而论。人的经验，有的得之于人生经历，更多则来自书本，生有涯而书海无涯，博览群书也是获取较人生阅历更丰富知识的有效途径。

三六　吾欲致书雨师

吾欲致书雨师[1]：春雨宜始于上元节后（观灯已毕），至清明十日前之内(雨止桃开),及谷雨节中;夏雨宜于每月上弦之前,及下弦之后(免碍于月);秋雨宜于孟秋、季秋❷之上、下二旬(八月为玩月胜境);至若三冬,正可不必雨也。

【原评】

孔东塘曰:君若果有此牍,吾愿作致书邮也。

余生生曰:使天而雨粟,虽自元旦雨至除夕,亦未为不可。

张竹坡曰:此书独不可致于巫山雨师。

【注释】

❶ 雨师:古代神话中司雨之神。❷ 孟秋季秋:农历七、八、九三月分别称孟秋、仲秋、季秋。

【评析】

花好月圆是人间美丽的景观。然花开月出有时而落雨无常。花好月圆常因阴雨或遭摧折或被遮不显,这对嗜好赏花玩月的有闲者来说,确实大煞风景,此即本则文字立意的出发点。

作者说,上元节为观灯之日,清明前后桃花盛开,这是春季中两大盛事,不可下雨,夏季的雨应在上弦之前或下弦以后,不可耽误赏月佳机。秋季三月,仲秋为观月最佳时机,不可下雨。至于冬季,气候阴寒,会下雪,当不必下雨了。

这诸多想法,都从自己赏花玩月的角度出发,实乃一厢情愿。表现了作者的闲情及对劳动者的隔膜。上天是不以人的意志为转移的,大自然对人仍有不小的威慑力。田野干旱,百姓当然祈盼有“及时雨”而不去在乎花月。若余生生云:“使天而雨粟,虽自元旦雨至除夕,亦未为不可。”若天能雨粟,百姓也要像张潮那样大发雅兴了。

三七 为浊富

为浊富,不若为清贫;以忧生,不若以乐死。

【原评】

李圣许曰:顺理而生,虽忧不忧;逆理而死,虽乐不乐。

吴野人曰:我宁愿为浊富。

张竹坡曰:我愿太奢,欲为清富,焉能遂愿!

【评析】

人生在世，若真正勘破了苦乐、生死、名利三关，便获得了解脱。但芸芸众生，有几人能断欲清心，得以超脱？应采取什么样的人生态度，这是一个值得思考的问题。这则文字就贫与富、生与死发表的看法，就是传统人生价值观的具体体现。

所谓“为浊富不若为清贫”是讲不义而富，不若清贫而保有节操。《论语·述而》中说“不义而富且贵，于我如浮云”，古人鄙视为富不仁者，讲究“君子重财，取之有道”。《百喻经》上云：“夫富贵者，求时甚苦；既获得已，守护亦苦；后还失之，忧念复苦。于三时中，都无有乐。”所以佛家教化众生：宁可清贫自乐，不作浊富多忧。所谓“以忧生不若以乐死”，则是说人生要快乐达观，而不要悲观消沉。终日忧伤、郁闷，为烦恼而困惑，则失去了人生的意义。人命无常呼吸间，人生在世，要达观生活，抱着“随缘消旧业”的态度，遭受挫折、身处逆境时，要泰然处之，战胜自己，消除障碍，创造出生命的辉煌。

三八　天下唯鬼最富

天下唯鬼最富，生前囊无一文，死后每饶楮镪❶；天下唯鬼最尊，生前或受欺凌，死后必多跪拜。

【原评】

吴野人曰：世于贫士，辄目为穷鬼，则又何也？

陈康畴曰：穷鬼若死，即并称尊矣。

【注释】

❶ 楮（chǔ）镪（qiǎng）：即冥币。祭祀时焚烧的纸钱。

【评析】

这则文字以人的生前身后遭遇处境的巨大反差，对世俗愚昧进行了辛辣调侃，对世态炎凉、人情冷暖做了犀利批判。

红尘俗世，偏多这样的现象：腰缠万贯，拔一毛济天下而不为，却愿捐重资以修寺观，以求来世更加富贵；见有人啼饥号寒而不顾，却出重金办道场以超度亡灵。一人生前，或穷困潦倒举步维艰而得不到济助，或贫贱位低而受人冷眼欺凌，但死后，祭奠者有之，跪拜者有之，灵位前，坟茔前，香烟缭绕，纸钱飘飘。

敬鬼是惧鬼来“作祟”，祈求神鬼保祐，用意昭然。神鬼无灵，若九泉有知，当不会健忘其生前所受诸苦。而豪横者欺人自乐，富有者见贫不施，却望被欺受贫者死后佑之，这也太过愚蠢！敬鬼神不若修人事，奉劝世人多些侠肝义胆，多些仁爱之心，扶弱济困，积善利众，自会福寿绵绵。

三九　蝶为才子之化身

蝶为才子之化身，花乃美人之别号。

【原评】

张竹坡曰：蝶入花房香满衣，是反以金屋贮才子矣。

【评析】

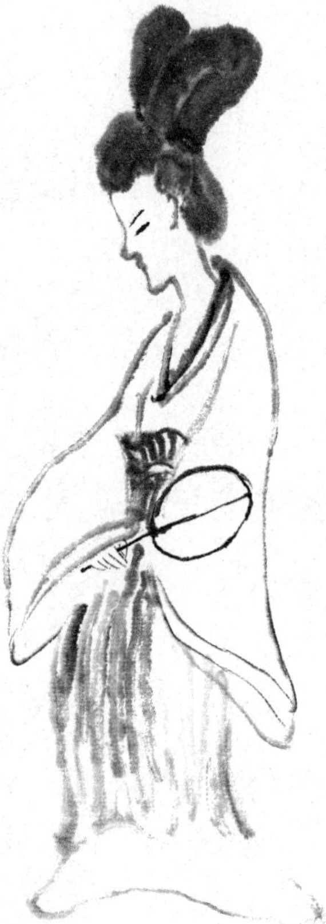

每当风和日丽时，人们可经常看到蝴蝶在百花丛中翩翩起舞，那轻盈的舞姿，那怡然自得的神态，着实令人喜爱。美丽而悠闲自在的蝴蝶与花为伍。这种可爱的小精灵总让人想起风流潇洒的才子。才子颇具灵性，才华横溢，风流不羁，才子尤爱美人。才子与蝴蝶有着相近的特性，所以说，蝶为多情才子之化身。

花是大自然里的精华。花艳丽、多姿、娇美、芳香，招蜂引蝶。鲜花的这般特性惟美人近之。自古以来，描写美人多用鲜花形容，可知以花代美人，以花为美人之别号是自然而然的。

四〇　因雪想高士

因雪想高士，因花想美人，因酒想侠客，因月想好友，因山水想得意诗文。

【原评】

弟木山曰：余每见人一长、一技，即思效之；虽至琐屑，亦不厌也。大约是爱博而情不专。

张竹坡曰：多情语令人泣下。

尤谨庸曰：因得意诗文，想心斋矣。

李季子曰：此善于设想者。

陆云士曰：临川谓："想内成，因中见。"与此相发。

【评析】

艺术家有极丰富的形象思维能力。人与物、物与物两者若有一定的联系、相近的特征、本质上相似，很容易引发他们联想。这则文字由雪、花、酒、月、山水分别联想到高士、美人、侠客、好友、得意诗文，正在于他们彼此之间有割舍不断的关系与相通的特性。

雪高洁纯净，与隐居避世不与浊世同流合污的高士相通；鲜花娇艳美丽，恰如秀媚绝妙之美人；酒使人想起豪气冲天、仗义执言、侠肝义胆、扶弱济困的侠士；皎洁月光令人想起身处两地的好友；名山胜水本身是天工巧构之杰作，充满诗情画意，置身山水间总使人想起文人墨客巧夺天工的神来之笔。

正因有了这样的联想，生活就多了些情调与妙趣。这种联想非张潮独创，也为多人言及，也许是约定俗成吧，这些联想颇具经典意味，令人把玩不已。

四一　闻鹅声

闻鹅声，如在白门[1]；闻橹声，如在三吴；闻滩声，如在浙江；闻羸马项下铃铎声，如在长安道上。

【原评】

聂晋人曰：南无观世音菩萨摩诃萨。

倪永清曰：众音寂灭时，又作么生话会？

【注释】

[1] 白门：南朝宋都城建康城西门。西方为金，金气白，故称白门。

【评析】

与上则文字一样，这则文字亦属于联想一类。金陵多鹅；三吴水乡舟多；浙江有钱塘江潮，涛击滩头；长安古道以骡马为主要交通工具。于是，鹅声、小舟欸乃声、涛击滩头声、骡马铃铛声也分别成为白门、三吴、浙江、长安道上各自独特而又显著的景观，好像成了它们各自的象征。而无论有无到过这些地方，是否身在其地，一旦这些声音传入耳中，就能联想到这些声音发生的典型环境，并会有身临其境之感。记得有人说过，感人的歌声留给人的记忆是长远的。听到某首老歌时，我们便会闻声忆旧，往昔的诸多美好情形会浮现在脑海里，从而带来情感上的愉悦。现代医疗上运用联觉的特点为患者进行治疗。通过视觉与听觉之间的联觉关系，产生概念，进而形成联想，展现出五彩缤纷的世界。也就是说，作曲家将客观事物的形象转化为音乐——把视觉形象转化为听觉形象，而音乐的接受者则是把听觉得到的音响再转化回到视觉形象（客观事物形象）中去。这种联想成果对疾病的治疗与心身健康起着积极作用。

四二　一岁诸节

一岁诸节，以上元为第一，中秋次之，五日、九日[1]又次之。

【原评】

张竹坡曰：一岁当以我畅意日为佳节。

顾天石曰：跻上元于中秋之上，未免尚耽绮习。

【注释】

❶ 五日九日：指农历五月初五端午节与九月初九重阳节。

【评析】

一年之中有许多节日，节日又有大小之别。而何者为大，何者为小，哪些节日在人们心目中更受重视，由诸多方面因素决定，但其表现却只有一点：约定俗成。如以春节为一年最隆重的节日，普天同庆，在中华民族，几无例外。具体到不同的阶层、不同的个人，则对节日的感受各有区别。如每个人有自己的具体爱好，文人、商人、军人各有自己的审美倾向，这样，形式上的隆重与否与个人心中的分量轻重便出现不一致的情况。张潮这里对一年诸节的次序排列，便首先是他内心对诸节日不同地位的具体评价。

上元节为民俗颇为看重的一个节日，闹花灯是当夜最大的节目。词人辛弃疾《青玉案·元夕》具体描写了观灯盛况。就气氛的热闹言，它较春节有过之而无不及，推此节为第一，不无道理。中秋月圆，取其圆满之意，传说为合家团圆的日子。此夜以赏月为主要节目。据南宋孟元老《东京梦华录》载："中秋夜，贵家结饰台榭，民间争占酒楼玩月。"明人田汝成《西湖游览志余》载："是夕，人家有赏月之燕，或携榼湖船，沿游彻晓。苏堤之上，联袂踏歌，无异白日。"可见古来中秋赏月风气之盛。以中秋排第二，也有其根据。端午节无论是祭祀屈原还是其他，节日里赛龙舟、食粽子、饮雄黄酒、挂香袋、戴荷包、插菖蒲、斗百草及采药等诸多活动，可谓丰富多彩；重阳节登高野游、赏菊、放风筝、佩茱萸、食蓬耳、饮菊花酒，如同端午具有意趣，也都带点神话浪漫的色彩，将此二节排在中秋之后，列于三、四位次，也在情理之中。张潮在一年诸多节日中独选此四节，自是出于他情有独钟；另方面，也确实是基于民俗习惯，代表了众人的看法。

四三　雨之为物

雨之为物，能令昼短，能令夜长。

【原评】

张竹坡曰：雨之为物，能令天闭眼，能令地生毛，能为水国广封疆。

【评析】

雨天天亮晚而天黑早，作为一种自然现象在今天看来，很容易理解，也无须挂齿，因为它并没有给人的工作、生活带来太多的不便。但在尚未用电照明的古代，情形就大不一样了。因为下雨阴暗，白昼变短，许多工作受时间限制无法继续，再者下雨天，人们精神状态不及阳光明媚的晴天，容易昏昏欲睡，这些都影响到人们的生活。

张潮对这一现象如此重视，将它专门拈出，正说明它在当时的不同一般及对当时人们生活所产生的重要影响。

四四　古之不传于今者

古之不传于今者，啸[1]也，剑术也，弹棋也，打球[2]也。

【原评】

黄九烟曰：古之绝胜于今者，官妓、女道士也。

张竹坡曰：今之绝胜于古者，能吏也，猾棍也，无耻也。

庞天池曰：今之必不能传于后者，八股也。

【注释】

❶ 啸：嘬口发出的清越的声音。为古人所擅长的一种技艺。《魏氏春秋》载："籍乃嘐然长啸，韵响寥亮，苏门先生乃逌尔而笑。籍既降，先生喟然高啸，有如凤音。"❷ 打球：骑在马上的一种打球游戏。

【评析】

物竞天择，适者生存，按进化论的见解讲，优胜劣汰，人、物皆然。从文化艺术的承传、发展来讲，文化艺术总是在汲取前人成果的基础上，不断更新、不断嬗变，有的东西在今天其原始形式已不能再见，它或化为营养，滋生了新的形式；或变革改进，成了另一种东西，作为一种文化积淀，已经永生。也正因为有了啸、剑术、弹棋、打球的存在，今天的声乐、剑术、棋类、球类才愈见高超、发达。所以，张潮这里所说的"不传"纵然是事实，却未道中根本。在他作为古人，不懂得事物发展的客观规律，不懂得事物内部演进的固有特质，我们不必做过多的苛责。

四五　诗僧时复有之

诗僧时复有之，若道士之能诗者，不啻空谷足音[1]，何也？

【原评】

毕右万曰：僧、道能诗，亦非难事；但惜僧、道不知禅玄耳。

顾天石曰：道于三教中，原属第三。应是根器最钝人做，那得会诗！轩辕弥明，昌黎寓言耳。

尤谨庸曰：僧家势利第一，能诗次之。

倪永清曰：我所恨者，辟谷之法不传。

【注释】

❶ 空谷足音：空谷，空旷的山谷；足音，脚步声。比喻难得的音信或言论、事物。

【评析】

“诗僧时复有之”，这是事实；“道士之能诗者，不啻空谷足音”，却有违事实，在古代典籍中，道士诗并不少见，历代都有，惟与诗僧诗相较，道士诗显得量少质差。

在我们看来，僧、道诗相比较，主要的还在于质量悬殊。僧诗不乏佳作，而道士诗能稍有称道者，已是“空谷足音”，为什么会出现这种情况？这主要与释道二家的特质有关。佛教传入中国后，在中国产生一个佛教宗派——禅宗。禅，表现在艺术上，是既具象又抽象；表现在文学上，更是既写实又超越的。诗与禅不乏相通之处，都讲究内心体验，都注重启示与象喻，都以追求言外之意为旨归，禅便影响了诗歌创作。“学诗浑似学参禅”，诗人以诗的形式参禅谈玄。“诗为禅客添花锦，禅是诗家切玉刀。”在古代诗歌史上，不仅尘俗诗人以诗表现禅趣、揭示禅理，更有大量僧人写诗谈禅或抒写其人生体验。诗僧不少见。道教经典中固不乏与文艺理论相关的内容，但其更注重的是清修或从事斋醮活动，追求长生不老，它与音乐或许有更多的因缘，与诗歌，则缺少沟通基础。因此，道士为诗者少，其诗作缺少韵味、意象，不为人称道，实属必然。

四六　当为花中之萱草

当为花中之萱草，毋为鸟中之杜鹃。

【原评】

袁翔甫补评曰：萱草忘忧，杜鹃啼血。悲欢哀乐，何去何从？

【评析】

人有许多生存的痛苦和无奈，忧愁总是人们难以消除的生活阴影。特别是在封建专制时代，人们或以政治高压有履冰之危，或以人情浇薄、世态险恶而生恐忧之心。忧愁之多，令人有如重负在身，心力交瘁。而解脱苦境，从忧虑之中走出，为人们神往心驰。萱草，又名忘忧，传说能解人忧愁，于是，种植此花，成了罹忧者的理想寄托；而吟咏此花，成了诗人企图排解忧愁的一种手段。张潮所说的“当为花中之萱草”表达人们的共同心声：过一种无忧无虑的自在生活。

张潮所以说不做鸟中杜鹃，缘于杜鹃恰与萱草相反。萱草使人忘忧，杜鹃则增人哀感。据《文选·蜀都赋》刘渊林注引《蜀记》：“昔有人姓杜名宇，王蜀，号曰望帝。宇死，俗说云：宇化为子规。子规，鸟名也。蜀人闻子规鸣，皆曰：望帝也。”又《尔雅翼·释鸟二》说：“子巂出蜀中，今所在有之，其大如鸠。以春分先鸣，至夏尤甚，日夜号深林中，口为流血。”杜鹃啼声，在历来诗人的笔下，都是一种哀愁凄楚的意象。如唐代诗人杜甫《杜鹃》中说：“杜鹃暮春至，哀哀叫其间。”吴融《子规》诗中说：“他山叫处花成血，旧苑春来草似烟。……湘江日暮声凄切，愁杀行人归去船。”宋词人辛弃疾《定风波·百紫千红过了春》词中说：“百紫千红过了春，杜鹃声苦不堪闻。”子夜鹃啼令人增忧，正是“毋为鸟中之杜鹃”的命意所在。

四七　物之稚者

物之稚者，皆不可厌，惟驴独否。

【原评】

黄略似曰：物之老者，皆可厌；惟松与梅则否。

倪永清曰：惟癖于驴者，则不厌之。

【评析】

在中国古代，驴不仅是人们主要的生产工具，还是重要的交通工具。但驴为人所用却不讨人喜爱。俗话有驴头驴脸、蠢笨如驴、驴脾气、驴不知自丑等说法，都表明了这种倾向。十二生肖没有驴，若称人属驴，则为詈词。

出现这种情况，大概与驴的生相、习惯有关。驴脸长而丑，驴笨而缺少灵气，性情倔强固执。又与民俗禁忌不无关涉，如安徽一带，忌讳夜间驴叫，以为是将有灾病的征兆。《广阳杂记》中说："驴叫似哭，马嘶如笑。"可见驴鸣深为人所厌闻。

由此我们可想到，为人有各种风格，不可强求一律，而陋习与缺点则当克服，"驴脾气"要不得，不然，驴的遭遇，在所难免。而用人者切忌以貌取人，更不可"卸磨杀驴"。

四八　女子自十四五岁至二十四五岁

女子自十四五岁至二十四五岁，此十年中，无论燕、秦、吴、越[1]，其音大都娇媚动人；一睹其貌，则美恶判然矣。"耳闻不如目见"，于此益信。

【原评】

吴听翁曰：我向以耳根之有余，补目力之不足；今读此，乃知卿言亦复佳也。

江含徵曰：帘为妓衣，亦殊有见。

张竹坡曰：家有少年丑婢者，当令隔屏私语，灭烛侍寝。何如？

倪永清曰：若逢美貌而恶声者，又当何如？

【注释】

❶ 燕秦吴越：古地名。燕为河北省的代称。秦为陕西省的习称。吴为江苏省吴郡的别称。越多指浙江绍兴一带。

【评析】

世上女子，貌美音妙最佳，可世上又不可能有那么多的完美，不少人音、貌判若两人。这则文字以人声与貌的不能一致，听与见的不相统一，还说明了事物耳见为实的道理。

其实，声音与相貌不一致，存在差别，这也是很自然的现象；在现实生活中，闻声不如见人、听景不同于看景，比比皆是。

以景论，如人说某地风景绝好，或许他确实亲眼见过，那景色正符合他个人的审美标准，所以把景描绘得风光无限。而听景者则会随说景者的叙述展开想像，在心中描绘出一幅胜景，待日后到实地观光，陡然发觉那景与别人描绘的不尽一致，甚至差别较大，遂发出"看景不如听景"的感叹。

以人论，不光是女子声、貌不能和谐统一。有的人善于标榜、伪装，虽有令名却无美行，盛名之下其实难副。仅"耳闻"不目睹，不相处，是难识人的真面目的。"百闻不如一见"乃人生至理名言。

四九　寻乐境

寻乐境，乃学仙；避苦趣，乃学佛。佛家所谓“极乐世界”者，盖谓众苦之所不到也。

【原评】

江含徵曰：著败絮行荆棘中，固是苦事；彼披忍辱铠者，亦未得优游自到也。

陆云士曰：空诸所有，受即是空。其为苦乐，不足言矣，故学佛优于学仙。

【评析】

道教与佛教有着不同的理论与追求。

道教是一种以生为乐，重生恶死，甚而追求长生不死的宗教。讲求得道成仙，是中国道教的一大特征。道教认为人得道成仙，可以外生死，极虚静，超脱自在，不为物累，过无忧无虑的生活。

佛教则认为人生是一大苦海。“人命甚短，安少苦多。”佛教讲求三世因果，六道轮回，所以佛教教化众生诸恶莫作，众善奉行，苦苦修行，修成正果，跳离苦海，往生西方极乐世界。《阿弥陀经》中具体描绘了极乐世界的美丽庄严。佛教净土宗认为专心念佛，便可断除苦恼，求得心净，往生西方极乐世界。

“宗教是被压迫生灵的叹息，是无情世界的感情，正像它是没有精神的制度的精神一样，宗教是人民的鸦片。”张潮认为学仙可寻乐，学佛可避苦，是否可以进入神仙境界及极乐世界，则不得而知。

在生活中，若能参透人生，常乐起慈心，积善养德，烦恼不就顺成菩提了吗？消除了烦恼，也就得到了极乐。

五〇　富贵而劳悴

富贵而劳悴，不若安闲之贫贱；贫贱而骄傲，不若谦恭之富贵。

【原评】

曹实庵曰：富贵而又安闲，自能谦恭也。

许师六曰：富贵而又谦恭，乃能安闲耳。

张竹坡曰：谦恭安闲，乃能长富贵也。

张迂庵曰：安闲乃能骄傲，劳悴则必谦恭。

【评析】

这则文字乃针对现实有感而发，并非泛泛而谈，读者亦不可单从文字表面理解。

在现实生活中，不乏这种情况：有的人富有而位尊，但富贵成了他人生的最高追求。为了富贵，不择手段，损人利己；为了富贵，牺牲了人生的许多乐趣，为形所役。又有一种人，虽然贫困位卑，却既保素贞，又心安理得，无忧无虑，闲适自在。张潮认为，若要在二者作出选择，他会选择后者。

在为人处世方面，也有两种人：一种是贫困位卑，却不能有颗平常心，待人骄横傲慢，这种人为位卑贫穷所役使，不能心安，不得闲适。另一种人，虽富有尊贵，却不以此挂怀，不自炫，也不傲人，心境恬静。在这两种人中，后者倒更让人尊敬。

从以上可以看出，张潮推崇的是安闲谦恭，得自然之趣。生命原本无高下，能自得、自适，不为物累，不为形役，才是圆满的人生。正如人们说的，无论顺境还是逆境，若能保持一份安然的心境，那绝对比百万富翁还富足。

五一　目不能自见

目不能自见，鼻不能自嗅，舌不能自舐，手不能自握，惟耳能自闻其声。

【原评】

弟木山曰：岂不闻心不在焉、听而不闻乎？兄其诳我哉！

张竹坡曰：心能自信。

释师昂曰：古德云：眉与目不相识，只为太近。

【评析】

这则文字表面上谈人的自然生理现象，其实蕴涵着一定的人生道理。

所谓当局者迷，每个人都有自己的缺点与不足，都有自己的局限，但人们往往只看到别人的错误而对自己的缺点习而不察。事实上，缺点终归是缺点，赘疣不能当桃花。所以，人应学会反观自省。人若肯反省、自忏，就能够不再把错误重复下去。也要发挥耳朵的优势，善于倾听，虚心接受别人的意见，这样，就可以发现个人失察的各种问题，不断改进，不断完善自我。而故步自封、妄自尊大、固执己见、刚愎自用，听不得别人的批评，则对自己百害而无一益。这就是这则文字给我们提供的人生启示吧。

五二　凡声皆宜远听

凡声皆宜远听，惟听琴则远近皆宜。

【原评】

王名友曰：松涛声、瀑布声、箫笛声、潮声、读书声、钟声、梵声，皆宜远听；惟琴声、度曲声、雪声，非至近不能得其离合抑扬之妙。

庞天池曰：凡色皆宜近看，惟山色远近皆宜。

【评析】

声音有多种，人们喜听悦耳之音，而对危害人身心健康的噪音避之惟恐不及。若将声音作为审美对象，那么，听音距离的远近则直接关乎到审美效果了。一般的声音，如松涛声、潮声、瀑布声、钟鼓声、读书声，都适宜远处听，若在近处，则太过喧嚣嘈杂，震耳欲聋。而悠扬、清越的琴声则是远近皆可。

音乐是一种特殊的声音，构成音乐的一系列要素——旋律、节奏、和声、音色、调式等和谐地结合在一起，成为复合的听觉信息，由听觉细胞将信息通过神经中枢传到大脑，从而产生知觉上与情感上的共鸣。听音乐是一种美的享受，伴随人们的心理活动，当人们听到低音时会产生深色的感觉，听到高音时会产生浅色的感觉，听到欢乐、节奏感强的乐曲时，使人精神振奋，听到轻柔、节奏缓慢的乐曲时，会产生稳定情绪的作用。琴声悠扬、激荡、清脆、飘渺，远听近听各得其妙，娴于声乐的朋友自有深刻的体会。

五三　目不能识字

目不能识字，其闷尤过于盲；手不能执管，其苦更甚于哑。

【原评】

陈鹤山曰：君独未知今之不识字、不握管者，其乐尤过于不盲、不哑者也。

【评析】

文字的发明是人类一大进步。有了文字，人类历史有了传播的载体，文化得以累代承传。对个人而言，能认识文字，可以了解历史、接受前人的科技文化成果，可以及时掌握各种信息、学习最新的知识。而能写字，可以与外界沟通、交流；可著书立说，记录下自己的思想认识，表达自己的思想情绪。总之，文字给人类带来了发展与便利。但文字发明以后，则成为统治阶级的专利，劳动人民被剥夺了读书识字的权利。文字是全社会的需要，劳动人民同样有思想感情，有求知的欲望，有文化的追求。他们有目不识字，有手不会书写，不能表达交流，这种痛苦较之目盲不能见物、口哑不能说话，有过之而无不及。读书识字，执笔写作是人生存的基本需要，人学会识字、写字，就能表达意愿、宣泄情绪，减少些做人的郁闷与苦恼。张潮替人道出了渴慕识字、要求掌握文字的心声。

五四　并头联句

并头联句❶，交颈❷论文，宫中应制❸，历使属国❹，皆极人间乐事。

【原评】

狄立人曰：既已并头、交颈，即欲联句、论文，恐亦有所不暇。

汪舟次曰：历使属国，殊不易易。

孙松坪曰：邯郸旧梦，对此惘然。

张竹坡曰：并头、交颈，乐事也；联句、论文，亦乐事也。是以两乐并为一乐者，则当以两夜并一夜方妙。然其乐一刻，胜于一日矣。

沈契掌曰：恐天亦见妒。

【注释】

❶ 联句：古代做诗的一种形式。赋诗时人各一句或几句，合而成篇。❷ 交颈：两颈相依，多用于喻夫妇恩爱。❸ 应制：应皇帝之命而作。古代诗文有以应制为题者，均属此类。❹ 属国：附属国家。

【评析】

“并头”两句说的是诗文风流；“宫中”两句说的是尊荣宠贵。这集中体现了古代文人的人生价值追求。在他们心目中，赋诗作文显才情、见风雅，是文人应有的资质。而才子配美人，诗词酬唱，奇文共赏，则更具风流。但学富五车，才高八斗，也只为“学优则仕”，显亲扬名。能宫中应制，给君王做诗，为君王赏识，自不愁荣贵；至于身为钦差，代表天朝大国出使属国，颐指气使，更是风光无限。

然诗穷而后工，温柔富贵乡里的应制之作，不免浮靡绮艳、雍容板滞，难有传世佳作。六朝宫体与明初台阁体是最好的例证。而文人为功名富贵所累，灵魂受戕害，人格遭扭曲，身心之苦，让人叹惋。章回小说《儒林外史》对此有生动的描绘，值得一看。

五五　水浒传武松诘蒋门神云

《水浒传》武松诘蒋门神云："为何不姓李？"此语殊妙。盖姓实有佳有劣，如华、如柳、如云、如苏、如乔，皆极风韵；若夫毛也、赖也、焦也、牛也，则皆尘于目而棘于耳者也。

【原评】

先渭求曰：然则君为何不姓李耶？

张竹坡曰：止闻今张昔李，不闻今李昔张也。

【评析】

这则文字所引武松话出于百回本《水浒传》第二十九回，非武松问蒋门神，而是问酒保："过卖，你那主人家姓甚么？"酒保答道："姓蒋。"武松道："却如何不姓李？"原武松本意，无非是有意挑衅，以激蒋门神出来，好代为施恩打抱不平。张潮在这里，则是断章取义，借题发挥，来阐发他所谓的"姓实有佳有劣"的见解。其实，姓也只是表明家族系统的称号，姓本身应无优劣之分。只不过从语意学角度讲，每个汉字有多种义项，人们容易从汉字的某个义项生发开来展开想象，比如姓华、姓柳、姓云、姓苏、姓乔，听起来悦耳，可能会使人觉得风韵雅致点。而赖、焦、毛、牛却不能使人展开美好的联想。所谓的"佳"、"劣"，无非是由其中一个义项产生或佳或劣的联想，这种联想有极大的主观性，没什么科学根据。再说姓继自于祖宗，人别无选择，张潮的这一理论，也无太多意义。

五六　花之宜于目而复宜于鼻者

花之宜于目而复宜于鼻者，梅也，菊也，兰也，水仙也，珠兰也，莲也；止宜于鼻者，橼也，桂也，瑞香也，栀子也，茉莉也，木香也，玫瑰也，腊梅也。余则皆宜于目者也。花与叶俱可观者，秋海棠为最，荷次之，海棠、酴(tú)醾(mí)、虞美人、水仙又次之；叶胜于花者，止雁来红、美人蕉而已；花与叶俱不足观者，紫薇也，辛夷也。

【原评】

周星远曰：山老可当花阵一面。

张竹坡曰：以一叶而能胜诸花者，此君也。

【评析】

花，色彩缤纷，妩媚多姿，芳香扑鼻，令人喜爱，它的独特性格，令人起敬，许多国家把人们最喜欢的花作为国家与民族的象征，尊为国花。如樱花，轻柔色美，是日本的国花，它象征美好、智慧、友谊和幸福；百合花宁静和谐，美丽大方，芳香四溢，法国人尊它为国花；象征坚贞不渝精神的金达莱是朝鲜的国花；而紫荆花为我国香港特别行政区的区花。由此可知，人们对花的喜爱达到了无以复加的地步。花的形状、颜色、香味、意态是人们观赏花的标准。

张潮堪称赏花高手，把花归为诸类：一方面是花卉本身，以色、香为标准，可分三类，既有美丽的外观，又有浓郁的芳香，如梅、兰、菊等，此其一；而外观不太显眼，却香气怡人，如茉莉、瑞香等，此其二；第三类就是大自然中花态炫人的供观赏的花。二方面从花与叶的比衬看，有的花叶俱美，交相生辉，相映成趣；有的叶比花还重要，大有喧宾夺主之势；有的叶、花都很一般。从这则文字我们可看出张潮在花木鉴赏方面的造诣。

当今，人们种花、送花已成为时尚，养花可由个人审美情趣决定，而送花则大有学问。

五七　高语山林者

高语山林者，辄不喜谈市朝[1]事。审若此，则当并废《史》、《汉》诸书而不读矣。盖诸书所载者，皆古之市朝也。

【原评】

张竹坡曰：高语者，必是虚声处士；真入山者，方能经纶市朝。

【注释】

[1] 市朝：市，古代交易买卖的场所。朝，古代官府治事的处所。后多用市朝指争名夺利的俗世。

【评析】

古人曾说："空破情根，必先走入情内，走入情内，见得世界情根之虚，然后走出情外，认得道根之实。"从这一角度讲，古代的大隐，其所以走出市朝，保其素贞，正在于他们从污浊的现实中来，充分认清了社会的本质，深深厌恶其中的尔虞我诈，才毅然决然地走向隐逸，应该说，高隐们对现实社会有着入木三分的认识，如此，其隐退才是真隐，而不是以此为标榜，走终南捷径。明白了这一道理，我们便不难理解张潮这则议论所包蕴的含义。

张潮并不同意当时有人所说的山林隐者必不了解人间纷争这一看法。古人云:大隐于朝,中隐于市,小隐于野。佛教云:十字街头好修行。隐者身处红尘俗世,却修得清静、自然之真心。隐者对俗世纷争有深刻、透彻的认识。作《史记》的司马迁,作《汉书》的班固,身处滚滚红尘中,对社会现实有清醒精辟的认识,他们较之于那些身在江湖心悬魏阙的人更有隐者风范。而不喜谈市朝事的高语山林者只是制造声势罢了。

五八　云之为物

云之为物,或崔巍❶如山,或潋滟❷如水,或如人,或如兽,或如鸟毳❸,或如鱼鳞;故天下万物皆可画,惟云不能画。世所画云,亦强名耳。

【原评】

何蔚宗曰:天下百官皆可做,惟教官不可做。做教官者,皆谪戍耳。

张竹坡曰:云有反面、正面,有阴阳、向背,有层次、内外。细观其与日相映,则知其明处乃一面,暗处又一面。尝谓古今无一画云手,不谓《幽梦影》中先得我心。

【注释】

❶ 崔巍:高峻貌。❷ 潋滟:水波荡漾貌。❸ 鸟毳(cuì):鸟的细毛。

【评析】

这则文字对"云"的种种描述,可见出作者对自然造化的细微体察,这也是画家应具备的素质。清初复古派提倡摹写古人名画,师古人而不师造化。张潮这里从自然体察入手谈画,与此截然不同。惟其所谓的"惟云不能画。世所画云,亦强名耳",不免幼稚、偏激。

绘画源于自然、生活,又高于自然生活。任何画幅都不能穷尽世界事物的万象,画云亦如此。绘画的成功,形似固然重要,而能否传神,及再现出物的本质、精魂,则更显关键。南齐谢赫所说的"穷理尽性,事绝言象",便是指要研究掌握对象的本质规律,尔后再从事创作。苏东坡《书鄢陵王主簿所画折枝二首》中说:"论画以形似,见与儿童邻。"说明了斤斤于形似的肤浅。沈括说:"书画之妙,当以神绘,难可形器求也。世之观画者,多能指责其间形象位置,彩色瑕疵而已;至于奥理冥造者,罕见也。"批评了世间品画者拘泥于形似。张潮所论,无疑正犯了这样的错误。

五九　值太平世

值太平世，生湖山郡；官长廉静，家道优裕；娶妇贤淑，生子聪慧。人生如此，可云全福。

【原评】

许筱林曰：若以粗笨愚蠢之人当之，则负却造物。

江含徵曰：此是黑面老子要思量做鬼处。

吴岱观曰：过屠门而大嚼，虽不得肉，亦且快意。

李荔园曰：贤淑、聪慧，尤贵永年，否则福不全。

【评析】

此则文字主要为“人生全福”一词作出具体的内涵界定。

从作者所举的六个方面看，有着突出的共性，无论从哪方面看，均涉及到人的生存环境与空间，太平世为社会时代环境（大气候）；湖山郡，为生存地理环境；官长廉静，为地方政治环境（小气候）；家道、娶妇、生子为具体家庭环境。无论是大气候还是小环境，都与人生息息相关。

作者生活在顺康时期，清初动荡的政局不可能不在他少年的心中投下阴影。他深知乱离之苦，对太平安定格外看重，故举“值太平世”为人生全福之首。又封建社会吏治腐败，官吏滋事扰民普遍存在，作者深知，没有“官长廉静”，人生全福很难实现，故也将此列入其中。至于能生“湖山郡”，固是文人性喜山水的雅好，“家道优裕、娶妇贤淑、生子聪慧”，则是个人生活幸福的具体体现，为世人共同观念，不必赘言。

六〇　天下器玩之类

天下器玩之类，其制日工，其价日贱，毋惑乎民之贫也。

【原评】

张竹坡曰：由于民贫，故益工；而益贱，若不贫，如何肯贱？

【评析】

清玩器皿制作日趋精细，制作者花费的心思、投入的劳动自然越多，而价钱不但没提高反而下降，收入远不同与投入等值，劳动者的贫穷便成为必然。

为什么会出现这种情况？原因无非是供大于求。或是盲目生产，货物过剩；或是购买力低下，社会需求量小。从明清之际的社会情况看，后者更显重要。

如果社会贫富差距严重，金银货币集中于少数人手里，而这些人作为剥削者，不仅在生产过程中剥削劳动者，在商品流通中再加盘剥，这样，财富更集中于他们手中。在贫民百姓，糊口已是不易，购买器玩则为奢望。既然有钱阶级依恃有钱而压价，无钱者为生存不得不贱售劳动成果以维持生计，社会便在恶性的怪圈中畸形循环。

六一　养花胆瓶

养花胆瓶，其式之高低大小，须与花相称；而色之浅深浓淡，又须与花相反。

【原评】

程穆倩曰：足补袁中郎《瓶史》所未逮。

张竹坡曰：夫如此，有不甘去南枝而生香于几案之右者乎！名花心足矣。

王宓草曰：须知相反者，正欲其相称也。

【评析】

在美学分析的角度上，极讲究适应、整齐、对称等，这些因素直接关系到审美的效果。就插花而言，插花者是否具有美学细胞，从他对花与花瓶的选择以及花瓶与花在大小、颜色的搭配上，便可看出。这则文字所论，可谓当行，张潮对插花的在行及其出色的审美眼光，得到了具体体现。

花瓶须与花的高低大小相称，这是值得注意的。否则，以硕大的花瓶插上几株细瘦的小花，或小巧的花瓶插上花繁叶茂的大花，都失去和谐，让人感到滑稽。即使花与花瓶作为局部再美，也无法让人产生美感。

从花瓶与花的颜色搭配上看，同样很有讲究，而张潮所说的“相反”，显然是理想的选择。惟相反，才能以色差形成鲜明对比，相互映衬，更见艳丽；惟相反，才不致喧宾夺主。

张潮所论，当然是经验之谈，喜欢插花的朋友不妨如法一试。

六二　春雨如恩诏

春雨如恩诏，夏雨如赦书，秋雨如挽歌。

【原评】

张谐石曰：我辈居恒苦饥，但愿夏雨如馒头耳。

张竹坡曰：赦书太多，亦不甚妙。

【评析】

这里连用三个比喻，分别形容春雨、夏雨、秋雨，道出了人们对不同季节雨的不同感受。

春天万物复苏，需雨的滋润。而春雨是极难得的，俗话说春雨贵如油。杜甫的"好雨知时节，当春乃发生。随风潜入夜，润物细无声"，描绘春雨的轻柔可爱，表达出喜悦之情。封建帝王高居龙庭，金口玉言，其能降恩颁旨，或减租免税，或征召在野臣下，对百姓、对外放或失志被遣的臣下，无疑如久旱遇甘霖，作者把春雨喻作皇上的诏书，可谓形象。

夏季酷热难当，古时又无现代化的制冷设备，人们只有忍受严热与郁闷的煎熬。在人闷热难受之际，有倾盆大雨从天而降，一洗人们的闷倦，那痛快淋漓的情景是可以想见的。这就像带罪或锒铛在监的犯人得到了赦罪的诏书，重新获取自由与解放。所以说，以赦书喻夏雨，也不无道理。

秋风萧瑟，在秋风秋雨中，树上枝叶激响，如泣如诉，一场秋雨一场凉，随着秋雨连绵，寒冬步步逼近。秋雨时节，让人感到寒意，易萌生凄苦的意绪，这与挽歌的凄切悲怨不乏相通之处，以挽歌喻秋雨，也妥帖。

六三　十岁为神童

十岁为神童，二十、三十为才子，四十、五十为名臣，六十为神仙，可谓全人矣。

【原评】

江含徵曰：此却不可知，盖神童原有仙骨故也，只恐中间做名臣时，堕落名利场中耳。

杨圣藻曰：人孰不想？难得有此全福！

张竹坡曰：神童、才子由于己，可能也；名臣由于君，仙由于天，不可必也。

顾天石曰：六十神仙，似乎太早。

【评析】

前文张潮曾谈到全福，所包括的内容侧重人生活的各种环境；这里谈全人，则都围绕人生自身。

人的一生，从自然年龄可划分为几个阶段，即：童少年、青年、中年、老年。不同的阶段有不同的表现，其所谓最佳的含义也有区别。童少年以天资聪颖为最佳；青年以才情超群、风流倜傥为最优；中年以功业卓著、英名远扬为极致；老年人最令人羡慕的便是颐养天年，无牵无挂，快乐自在。但能否为神童才子，一靠天赋禀质，二靠后天培养教育，非人人都具备这些条件；能否为名臣，才干固然重要，但机遇、环境也很重要，专制时代任人唯亲，不少人才能被埋没；老为神仙，需多方面条件保证，非一厢情愿能成。可见，这些人生理想是很完美的，世人谁不想有此全福，但万事难由人做主，"全人"之说，只能是作家的白日梦呓。

天道忌全，世上没有时时如意之人，人生道路上充满艰辛与挫折，一个人能不虚度年华，发愤努力，对社会做点贡献，这样的人生可谓无憾矣。

六四　武人不苟战

武人不苟战，是为武中之文；文人不迂腐，是为文中之武。

【原评】

梅定九曰：近日文人不迂腐者颇多，心斋亦其一也。

顾天石曰：然则心斋直谓之武夫可乎？笑笑。

王司直曰：是真文人，必不迂腐。

【评析】

武将有两种：一种是鲁莽型，这种人在古代小说中多有描写，如李逵、张飞等。一种是智勇双全型，如岳飞、宋江等。在这两种人中，张潮赞赏的不是勇而无谋徒知逞匹夫之勇的赳赳武夫，而是智勇双全大智大勇的将帅。而用来衡量两种人的标准则是看其对待战争的态度，看其能否"不苟战"，不以好杀为乐事。战争乃不得已而为之事，出于保卫国家，是民族英雄；为反抗压迫而战，是民主斗士；出于一己之私或为某个人、某家族的利益，为民族国家的罪人。这里所称道的"不苟战"者"为武中之文"，即是说作为将帅，要有正确的判别能力，要为正义而战，知己知彼而战。

文人也有两种，一种是迂腐文人，尽信书本，一切以书本为依据，不解世故，不知变通，拘泥俗套，又刚愎自用、自命清高。另一种人博览群书，满腹经纶，然不拘泥于书本，世事洞明，人情练达，办事有主见，有分寸。无疑作者赞赏的是后者，许之为“文中之武”。

文人与武将，都要扬长避短，文人少些酸腐，武将多些谋略，无论是战争还是吏治，都会少些遗憾。

六五　文人讲武事

文人讲武事，大都纸上谈兵；武将论文章，半属道听途说。

【原评】

吴街南曰：今之武将讲武事，亦属纸上谈兵；今之文人论文章，大都道听途说。

【评析】

文人精于文章，不熟稔武事，武将通晓军事，不谙为文之道，那么文人谈论军事，大多是纸上谈兵了；武将评论文章，恐怕也是道听途说了。

《三国演义》有“孔明挥泪斩马谡”，马谡“自幼熟读兵书，颇知兵法”，但因丢失

街亭被斩。推究他街亭之失的原因，正在于他尽信书本，不知变通，只能纸上谈兵，一到具体的实际作战，他的夸夸其谈是不堪一击的，终因刚愎自用，拒纳建议而大败。由此可知，仅靠读了几本兵书的人，谈用兵之道，只能是纸上谈兵，于实无补。

文人无临战经验，只能纸上谈兵。武将论文，能有独到见解者也鲜见。古时文武分科取士，出身武科或由战场拼杀起家的武将，对于文章，知之甚微，间有附庸风雅者，也多不能系统研习，深切揣摩，纵能偶称雅兴，吟诗作文，对于文章的演变、技巧却知之不多，其论文，多是一知半解，人云亦云。

当然，张潮的这一结论也不无片面性。正如吴街南评此条说："今之武将论武事，亦属纸上谈兵；今之文人论文章，大都道听途说。"武将不作战，不免纸上谈兵；文人视八股外概为杂览，八股以外，一无所知，其论文，也只是道听途说。

六六　斗方止三种可存

斗方❶止三种可存：佳诗文一也，新题目二也，精款式三也。

【原评】

闵宾连曰：近年斗方名士甚多，不知能入吾心斋彀中否也？

【注释】

❶ 斗方：书画所用的一尺见方的单幅笺，也指一二寸见方的册页书画。

【评析】

古典小说名著《儒林外史》中曾写到一批斗方名士，如赵雪斋、景兰江、支剑峰、匡超人等，并对他们的"雅集"、拈韵、写斗方有具体的描绘。

对他们所写斗方，由匡超人所见所感，作了介绍交代。如十八回景兰江送斗方与匡超人，匡超人"看见纸张白亮，图画鲜红，直觉可爱，就拿来贴在楼上壁间"。又写匡超人在接到斗方名士的邀约，准备赴会时，想到尚不会作诗，便买了本《诗法入门》，点起灯来看，"看了一夜，早已会了。次日又看了一日一夜，拿起笔来就做，做了出来，觉得比壁上贴的还好些"。由此可知这批所谓的斗方名士作品的拙劣。

看了这些，读者也许会萌生对斗方作品的不屑一顾。如此，却未免片面且有失公平。《儒林外史》所写，仅是附庸风雅的假诗人。其实，在中国古代社会，文酒诗会、诗人宴集唱和，是十分普遍的现象。宋代所掀起的集社之风，在明清愈演愈烈。文人雅集，或结社唱和，相互切磋，探求诗艺，对提高创作水平、激发创作热情不无助益；同时，对创作群体及创作流派的产生，也有推动作用。而在他们的宴集唱和中，自不乏新颖的题目、出色的作品。至于斗方的款式，其争奇斗艳，各标新异，也多让人赏心悦目。这在《红楼梦》中有所表露。但斗方诗的值得称道处，总不外张潮所说三个方面。

六七　情必近于痴而始真

情必近于痴而始真，才必兼乎趣而始化。

【原评】

陆云士曰：真情种真才子能为此言。

顾天石曰：才兼乎趣，非心斋不足当之。

尤慧珠曰：余情而痴则有之，才而趣则未能也。

【评析】

晚明出现了尚真崇情的思潮，他们张扬真情，又认为情的极致乃是痴癖，对痴癖多有鼓吹。如李贽自赞："其心狂痴，其行率易。"汤太史称"人不可无癖"。袁宏道称"人不可无痴"。（均见吴从先《小窗自纪》转述）张岱称："人无癖不可与交，以其无深情也。"（《郷嬛文集》卷四）都表露了这一思想。这里所说的"情必近于痴而始真"，正是对这种思潮的继承。

对"趣"的提倡，也为晚明新人文思潮的重要内容。袁中道说："凡慧则流，流极而趣生焉。天下之趣，未有不自慧生也。……至于人，别有一种俊爽机颖之类，同耳目而异心灵，故随其口所出，手所挥，莫不洒洒然而成趣，其可宝为何如者？"

具体到为人，如祝枝山、唐伯虎的狂狷，李贽的滑稽排调，徐渭的诙谐谑浪，王思任的好谑成性，枚不胜举，都体现了谐趣。

"趣"与矫情做作相对而与自然、率真相关联，故张潮所主张的才而必兼乎趣，实为此新思潮之一脉。

六八　凡花色之娇媚者

凡花色之娇媚者，多不甚香；瓣之千层者，多不结实。甚矣！全才之难也！兼之者，其惟莲乎！

【原评】

殷日戒曰：花、叶、根、实无所不空，亦无不适于用，莲则全有其德者也。

贯玉曰：莲花易谢，所谓有全才而无全福也。

王丹麓曰：我欲荔枝有好花，牡丹有佳实，方妙。

尤谨庸曰：全才必为人所忌，莲花故名君子。

【评析】

花，色泽娇媚艳丽者，多不甚香；花瓣多层者，大多不结果实。只有莲花才是花中的全才：花色美丽，花香袭人。其叶、花、莲蓬、藕均可食用或药用。“出淤泥而不染，濯清涟而不妖；中通外直，不蔓不枝；香远益清，亭亭净植。”莲花也成了高尚品质的象征，人们把莲花称为花中君子。

在花的世界里，像莲花这样品貌俱佳者极为难得。同样道理，在茫茫人之海中也难觅全才。明白了这一道理，我们对人便不会求全责备了。不必以己之长攻人之短，也不必因人有某种短处，而忽略或不用其所长。有一技之长，应合理使用，做到人尽其才，社会才会发展。

全才是难得、宝贵的，人应把自己的才华贡献给社会，不居功自傲，不恃才傲物，像莲花那样谦恭、高洁，这样的人会更令人尊敬。

六九　著得一部新书

著得一部新书，便是千秋大业；注得一部古书，允为万世宏功。

【原评】

黄交三曰：世间难事，注书第一。大要于极寻常书，要看出作者苦心。

张竹坡曰：注书无难，天使人得安居无累，有可以注书之时与地为难耳。

【评析】

古人说："文章者，千古之大业，不朽之盛事。"又说："太上有立德，其次有立功，其次有立言，虽久不废，此之谓不朽。"对著书立说、立论著文，都给予了很高评价。这里所谓的"著得一部新书，便是千秋大业"，说的是同样的意思。著作与文章，或探讨治乱兴衰的经验教训，或阐发社会历史的发展规律，或讲道德，或言法律，或论思想文化，或谈科学教育，既给当前的社会以直接服务，又对未来发展做了文化积累，称其为"大业"，并非溢美。

人类历史的每一步发展，都以前代既有的成果为基础，都汲取了前人的精华，包括思想文化科学技术种种，这是人所公认的事实。而前代诸多成就的具体表现，便在以文字为载体流传下来的各种古书中。要学习继承前人的成果，必须阅读这些古书；要阅读旧籍，首先要扫除文字障碍、读懂领会。如此，为古书做笺注，就显得格外重要。张潮所说的"注得一部古书，允为万世宏功"，也正是从这一角度立论。

七〇　延名师训子弟

延名师训子弟，入名山习举业❶，丐名士代捉刀❷，三者都无是处。

【原评】

陈康畴曰：大抵名而已矣，好歹原未必著意。

殷日戒曰：况今之所谓名乎！

【注释】

❶ 举业：旧时专指为应付科举考试所做的一切功课。❷ 捉刀：典出《世说新

语·容止》。据载：曹操将召见匈奴使臣，嫌自己相貌欠威，让崔琰冒充，他自己却“捉刀”站立床头。后也称替人做文为捉刀。

【评析】

先说首句。“延名师训子弟”，一来为家长望子成龙心切，希望子弟能有所成；二来可显家庭身份与经济实力，以示与寻常不同。但其于实际或无大补甚或有害。子弟的学习收获，并不与师名的大小成正比，此其一；名师与学生悬殊太过，所授难以为学生所领悟，此其二。如此，有了名师，学生倒不能得循序渐进之法，由浅入深地系统掌握知识，甚至会因不能系统的学习，影响以后的进步。这可谓弄巧成拙。

再说次句。名山风景秀丽，本身就是天造的一部绝妙文章、精美画卷。游览名山大川，自能开阔胸怀，助人才思。历代诗人画家对名山有深挚的眷恋，从中寻找灵感，提取素材。但八股文则不同。诗文创作讲抒写性灵，讲自然灵动；八股文写作则要求代圣人立言，不允许有个人见解，甚至忌讳“风花雪月字样”。要精熟八股制艺，只须熟背墨卷，悉心揣摩。名山之中，则不免为自然山水感染，灵气一生，便犯了八股文写作的大忌。入名山习举业，注定了其举业的不能成功。

最后说“丐名士代捉刀”一句。“名士”风流潇洒，才情出众，其为文，必个性鲜明，汪洋恣肆。但名士之文，往往不按规范，令其代作公文，不免有违体式，招上司之责，再者亦不能与主人的身份、声气、修养相吻合。这样，“丐名士代捉刀”自无益处。

七一　积画以成字

积画以成字，积字以成句，积句以成篇，谓之文。文体日增，至八股❶而遂止。如古文、如诗、如赋、如词、如曲、如说部❷、如传奇小说❸，皆自无而有。方其未有之时，固不料后来之有此一体也。逮既有此一体之后，又若天造地设，为世必应有之物。然自明以来，未见有创一体裁新人耳目者。遥计百年之后，必有其人，惜乎不及见耳！

【原评】

陈康畴曰：天下事，从意起。山来今日既作此想，安知其来生不即为此辈翻新之士乎！惜乎今人不及知耳。

陈鹤山曰：此是先生应以创体身得度者，即现创体身而为设法。

孙恺似曰：读心斋别集，拈四子书题，以五七言韵体行之，无不入妙，叹其独绝。

此则直可当先生自序也。

张竹坡曰：见及于此，是必能创之者。吾拭目以待新裁。

【注释】

❶ 八股：又称时文、制义、制艺等。明清科举考试规定的文体。每篇有破题、承题、起讲、入手、起股、中股、后股、束股八部分组成。题目主要摘自“四书”，论述须根据朱熹《四书章句集注》等书，不允许个人发挥。❷ 说部：泛称小说。这里似指笔记杂俎之类。❸ 传奇小说：多指唐人传奇以及其后用此体创作的小说。又称明清长篇通俗小说。这里似指后者。

【评析】

一代有一代的文学，如楚骚、汉赋、六朝骈文、唐诗、宋词、元曲，各领一代之胜，勿庸赘言。从这一点讲，这里所说的“遥计百年之后”，必有新体产生，昭示了文学发展的必然。

但任何文学体裁的产生，又都有其基础，绝不是空穴来风。正因此，也才会有一种新体产生后的“若天造地设，为世必应有之物”。对此，只要就文学史的发展稍作排比，便不难见出。

张潮的局限在于他只能感知文学体裁发展的必然，却不懂得文体演进的内外在规律，所以他只能仅就字、句、篇等外在形式来谈文体的生成。至于他所说的“明以来，未见有创一体裁新人耳目者”，既不符合文体发展的实际，也出现概念含糊的毛病。如众周知，有明一代，除原有的诸多文体继续存在，说部中长篇章回、白话短篇也相继形成，曲中更有传奇剧诞生，它们较之八股，则更能代表时代文学的成就。

虽然如此，张潮这里特举曲、说部、传奇小说，将其与古文、诗、赋、词并列，也可看出他十分开明又颇具慧眼的思想见解。在清代以前，像他持有的这种观念，并不太多见，故显得难能可贵。

七二　云映日而成霞

云映日而成霞，泉挂岩而成瀑。所托者异，而名亦因之。此友道之所以可贵也。

【原评】

张竹坡曰：非日而云不映，非岩而泉不挂。此友道之所以当择也。

【评析】

在中国传统典籍中，论及交友的文字很多，单从交友的得人与不得人对人的影响这一角度言，如《颜氏家训》中说："与善人居，如入芝兰之室，久而自芳也；与恶人居，如入鲍鱼之肆，久而自臭也。"明薛瑄《读书录》中说："人之邪正，必谨于所习。习与正人居，则正；与不正人居，则不正。"清金缨《格言联璧》中说："人若近贤良，譬如纸一张；以纸包兰麝，因香而得香。""人若近邪友，譬如一枝柳；以柳贯鱼鳖，因臭而得臭。"清乾隆时中州李绿园小说《歧路灯》通过主人公谭绍闻的堕落及浪子回头，形象地说明了择友对人产生的重要影响。

世间最美好的东西，莫过于有几个头脑和心地都很严正的朋友。云映日而成霞，泉挂岩而成瀑，有正直、善良的朋友交往，人生会大放异彩。《论语》中说益者三友，友直，友谅，友多闻，益矣。每个人都应掌握交友之道：公正、诚恳、谅解。

七三　大家之文

大家之文，吾爱之慕之，吾愿学之；名家之文，吾爱之慕之，吾不敢学之。学大家而不得，所谓"刻鹄不成尚类鹜"也；学名家而不得，则是"画虎不成反类狗"矣。

【原评】

黄旧樵曰：我则异于是，最恶世之貌为大家者。

殷日戒曰：彼不曾闯其藩篱，乌能窥其阃奥！只说得隔壁话耳。

张竹坡曰：今人读得一两句名家，便自称大家矣。

【评析】

从事文章写作，暂不论大家、名家，能有所创新，已非易事。至于阅读，则大家、名家虽有层次的区别，其作品，却一样给人以享受。但如果作为学习写作的范本，取名家显然不如取大家。原因很简单，能成为大家，说明其创作已具有成熟的风格，其成就众所公认，能为广大的读者接受，有鲜明突出的堪称典范的特质，得到理论家总结或为世人共知，从而成为某种规范。学习大家，可学的内容极多，方向也相对明确，作为规范，更适宜作基础训练，正如习书法取大家法帖作临摹，道理相同。名家却不同，他们虽然以个别文章出名，但创作风格也许尚在探索发展中，而其将来形成的风格是否能够为世人认可，尚有待于实践检验。以尚未得到确认的东西作摹本，已属冒险，而学习中能否得其神髓，也不能不令人怀疑，这样，学习名家，便难免会出现“画虎不成反类狗”的局面。学作文与习书法有相通之处。这则文字所论，的确有其道理。

七四　由戒得定

由戒得定❶，由定得慧❷，勉强渐近自然；炼精化气❸，炼气化神❹，清虚有何渣滓！

【原评】

袁中江曰：此二氏之学也。吾儒何独不然！

陆云士曰：《楞严经》、《参同契》精义尽涵在内。

尤悔庵曰：极平常语，然道在是矣。

【注释】

❶ 戒：佛教名词，指佛教的戒规。定：佛教名词，指心专一境而不散乱的精神状态。佛教以此作为取得确定的认识、作出确定的判断的心理条件。❷ 慧：佛教名词，谓通达事理、决定意念取得决断性认识的那种精神作用。又指破除迷惑，认识真理。❸ 精：道教内丹学称人的心中有真阴之精。气：道教内丹学称人体中有真阳之气。❹ 神：道教内丹学称人心中真意为神。

【评析】

这则文字前边谈佛教戒、定、慧三学；后边谈道教内丹学精、气、神修炼之理。

佛教认为，要领悟佛法，修成正果，首先要恪守规律，如此修行，方可制心一处，进入禅定状态，也只有进入禅定状态，才能逐步认识真理，领悟佛法，从而证佛，具大智慧，进入不为物累的自然状态。

道教以成仙为终极追求。他们认为要成仙便须修炼。其中内丹学理论把《老子》"道生一，一生二，二生三，三生万物"的宇宙生化说与内丹的虚化神、神化气、气化精、精化形之说相配，作为"道"顺生天地万物的程序；说万物既生之后，都禀因道而有的精气神三宝；而要返本归根，便要逆其顺生程序炼化归元，即炼精化气，炼气化神，炼神还虚，这便与道合真，结丹成仙，超出生死，归于虚寂的"道"，便无任何沉滓，不受尘世污染。

张潮所以把佛、道修持的过程、结局并列而论，无非是想说明两家途径不同，结果仿佛：一是自然，一是清虚而无渣滓。所以会出现这惊人相似的结局，既与佛、道二教宗旨都在探讨人生理想归宿相关，更在其彼此的交互影响、渗透，以及道教内丹学的向佛借鉴。

七五　南北东西

南北东西，一定之位也；前后左右，无定之位也。

【原评】

张竹坡曰：闻天地昼夜旋转，则此东西南北，亦无定之位也。或者天地外贮此天地者，当有一定耳。

【评析】

东西南北作为四个方位，乃以日出方向作参照而确定。《说文解字》释"东"："动也，从木。官溥说，从日在木中。"西则为日落之处。又面对日出的东方，左手为北，右手为南。而前后左右的确定，则以人为中心，随人面部的转移而发生变化。《说文》

释“前”：“不行而进谓之歬(前)，从止在舟上。”《玉篇》释“后”：“后，前后。”与前相对。《说文》释“左”：“手相左助也。从𠂇从工。”以手在边，故在面向的侧边，如面向南时东边为左，面向北时西边为左。右则与左相对。

作为方位，东西南北之所以为固定方位，在于它以外物为参照，日总是升于东方，所以其方位固定不移；而前后左右之所以为不固定方位，在于它以人自我为中心，人的体位可随时转移，以它为参照来确定的方位随之发生变化，前后左右只能是相对的不固定的。

从这里我们体悟到，客观规律必须遵循，个人意志必须服从客观规律，如此，才不会逆天而行，做好每一件事情。

七六　予尝谓二氏不可废

予尝谓二氏[1]不可废，非袭夫大养济院[2]之陈言也。盖名山胜境，我辈每思褰裳[3]就之，使非琳宫梵刹[4]，则倦时无可驻足，饥时谁与授餐！忽有疾风暴雨，五大夫果真足恃乎？又或丘壑深邃，非一日可了。岂能露宿以待明日乎？虎豹蛇虺能保其不为人患乎？又或为士大夫所有，果能不问主人，任我之登陟凭吊，而莫之禁乎？

不特此也。甲之所有，乙思起而夺之，是启争端也。祖父之所创建，子孙贫，力不能修葺。其倾颓之状，反足令山川减色矣。

然此特就名山胜境言之耳。即城市之内，与夫四达之衢，亦不可少此一种。客游可作居停，一也；长途可以稍憩，二也；夏之茗，冬之姜汤，复可以济役夫负戴之困，三也。凡此皆就事理言之，非二氏福报之说也。

【原评】

释中洲曰：此论一出，量无悭檀越矣。

张竹坡曰：如此处置此辈甚妥。但不得令其于人家丧事诵经，吉事拜忏；装金为像，铸铜作身；房如宫殿，器御钟鼓，动说因果；虽饮酒食肉，娶妻生子，总无不可。

石天外曰：天地生气，大抵五十年一聚。生气一聚，必有刀兵、饥馑、瘟疫以收其生气。此古今一治一乱，必然之数也。自佛入中国，用剃度出家法，绝其后嗣，天地盖欲以佛节古今之生气也。所以，唐、宋、元、明以来，剃度者多，而刀兵劫数稍减于春秋、战国、秦、汉诸时也。然则佛氏且未必无功于天地，宁特人类已哉！

【注释】

❶ 二氏：指佛、道二教。❷ 养济院：官府设置的收养老疾孤寡、贫困不能自存者及乞丐的场所。明人陈继儒称佛教为大养济院。❸ 褰裳：以手提起衣裳。❹ 琳宫梵刹：琳宫，道观的美称。梵刹，寺院的泛称。

【评析】

这则文字，张潮声明并不是谈因说果，只是从现实生活的实际需要，来分析佛寺道观存在的必要及不可缺少。

名山胜水，人人都想一游，前往领略一下山光水色。有了寺院道观，疲倦时可借此休憩；饥饿时可以找口饭吃，遇到狂风暴雨，可以在此躲避，夜幕降临可以借宿。有了寺院道观的食宿保障，还可以免遭毒蛇猛兽的侵害。这只是就寺院道观为佛、道所有而言。

假如为官绅所拥有，却不能任凭游客观光，以上的一切作用都将失去。此外，个人拥有还有弊端。如为甲拥有，乙希望强取，如此便引发争斗；有祖、父辈手有余钱，财产丰裕，建造堂皇，或家道中落，无钱修整，不免倾颓毁坏，断垣残壁，势必影响名山胜境的美观。这都是就名山胜境处的寺院道观而言。

城市通衢，有了寺院道观，益处也多：一是外出旅游可以借作旅社，二是长途跋涉，可以在此稍歇；三是役夫困苦中可以从此处讨得清茶、姜汤，解暑暖身，除却劳累。寺院道观确实为人们带来诸多便利，它的存在，确有必要。

当然，张潮所论，仅就一般情况而言，世上不乏势利的和尚、道士，深山游历或长途跋涉遭遇此辈，恐食宿之便，非轻易可得。

七七　虽不善书

虽不善书，而笔砚不可不精；虽不业医，而验方❶不可不存；虽不工弈，而楸枰❷不可不备。

【原评】

江含徵曰：虽不善饮，而良酝不可不藏，此坡仙之所以为坡仙也。

顾天石曰：虽不好色，而美女妖童不可不蓄。

毕右万曰：虽不习武，而弓矢不可不张。

【注释】

❶ 验方：确有效果的药方。❷ 楸枰：即棋盘。因古时多用楸木制成，故名。

【评析】

纸墨笔砚旧时被称为文房四宝，琴棋书画则被视为文人风雅四艺。有了文房四宝，室中雅趣盎然。四艺中得擅其一，可获雅人之称。文人交往，颇重情调，笔砚、楸枰是不可缺少的工具。即使自己“不善书”，也要准备有精良的笔砚。“不工弈”，也须有楸枰。一则表现自己的艺术品位与审美情趣，二则表示对朋友的尊重和厚爱。朋友往来，或有书画家友人到来，磨墨铺纸，请其挥毫泼墨，令人尽兴。爱好下棋者，主人陪上二局，不亦乐乎。而“验方不可不存”，谓人有旦夕福祸，疾病总是贸然而至，成为困惑人的一大问题。不论是自己或是家人、邻里、朋友，偶染疾病，最重要是为病人消病去灾，除却痛苦，这时若有神奇有效的药方，真可谓雪中送炭。

张潮这则文字告诉我们：自己爱好的，应武装精良，自己不擅长的，也要精心装备，以待不时之需。

七八　方外不必戒酒

方外❶不必戒酒，但须戒俗；红裙❷不必通文，但须得趣。

【原评】

朱其恭曰：以不戒酒之方外，遇不通文之红裙，必有可观。

陈定九曰：我不善饮，而方外不饮酒者誓不与之语；红裙若不识趣，亦不乐与近。

释浮村曰：得居士此论，我辈可放心豪饮矣。

弟东囿曰：方外并戒了化缘，方妙。

【注释】

❶ 方外：超然于世俗礼教之外，多指僧人道士。❷ 红裙：指妇女穿的裙，这里指妇女。

【评析】

道教戒规中有“不得荤酒”，佛教也以“不饮酒”作为五戒之一。这里却说：“方外不必戒酒，但须戒俗”，显然其视“俗”较饮酒更为严重。为什么作者对僧道的“俗”如此深恶痛绝？这里有着现实的原因与理论的依据。作为方外，僧道都以超脱尘俗相标榜，以不贪无欲为追求，这是证道成佛修炼成仙的基础。但现实中，剃度皈依的僧人与寄身道观的道士，却未必了却尘缘，更有甚者，俗念重重，势利万分，较之尘世中人，更显世俗气。这种情况，在明清野史稗说中时能见到，在当时社会也可见及。正因此，张潮才有此说。

“红裙不必通文，但须得趣”，则反映了作者所持的妇女观。在作者看来，女子通不通文墨并不重要，重要的是有无情趣。对趣的追求，与宋元以来程朱理学所鼓吹的“存天理，灭人欲”、灭绝个性相对立，反映了晚明以来新的思想观念，有其进步合理的一面。只是独独用来作为对女子衡量的尺码，却不能不说其中仍有视女子为男人附庸或玩物的封建陋习。

七九　梅边之石宜古

梅边之石宜古，松下之石宜拙，竹傍之石宜瘦，盆内之石宜巧。

【原评】

周星远曰：论石至此，直可作九品中正。

释中洲曰：位置相当，足见胸次。

【评析】

园林造景作为一门艺术，其极致是体现出自然景观与人工创造的完美交融。而要达到这种效果，造景者的审美见解、艺术才能具有关键作用。即以这则文字所举景观言，梅、松、竹、盆景各有独自的神韵、风骨，而与之搭配的石头，能否与它和谐，便要看能否准确把握它们不同的内涵，并巧妙配置。梅，春天先开花后长叶，独具神韵，应以古雅之石相配；松，傲岸苍劲，配之以粗拙之石，更显阔壮朴实；竹，修长清瘦，与瘦剥之石相配，益显清奇潇洒的风姿；盆景面积大小有限，人工雕琢痕迹明显，盆景中的石头适宜于巧妙，才会显示盆景的玲珑别致。

美在和谐。石与梅、松、竹、盆景的外在形式与内在精神达到和谐、统一，才会有圆融、美妙的审美效果，从这则文字我们可看出张潮在园林造景方面的艺术修养。

八〇　律己宜带秋气

律己宜带秋气，处世宜带春气。

【原评】

孙松楸曰：君子所以有矜群而无争党也。

胡静夫曰：合夷、惠为一人，吾愿亲炙之。

尤悔庵曰：皮里春秋。

【评析】

严于律己，宽以待人，为君子处世为人之道。律己严则寡过。严格要求自己，在生活中不贪图安逸，发奋努力，常为别人着想，这样的人品德日臻完善。相反，若一个人对自己要求不严，常生怠慢之心，放纵自我，贪图享受，苟且偷生，得过且过，这种人经受不住痛苦、挫折的打击，是不会有所建树的。事实证明只有严格要求自己的人才会成就大事业。宽于待人者，胸襟豁达，个人修养良好，这是理想人格不可或缺的内容。人生活于社会群体中，要与各种人交往，而和谐的人际关系是人生活幸福、事业成功的前提与保障。温良恭谦让是古人崇尚的，其实也是人际交际中时时都应遵循的法则。"律己宜带秋气，处世宜带春气"可作为人们为人处世的箴言。若人人都能够律己带秋气，处世带春气，那我们的社会不就是一个大同的世界?若真能如此，世界将变成最美好的人间。

八一　厌催租之败意

厌催租之败意，亟宜早早完粮；喜老衲之谈禅，难免常常布施。

【原评】

释中洲曰：居士辈之实情，吾僧家之私冀，直被一笔写出矣。

瞎尊者曰：我不会谈禅，亦不敢妄求布施，惟闲写青山卖耳。

【评析】

催租是件扫兴败意的事，完租则能避免催租者搅扰；喜听老僧谈禅说法，总要布施财物于老僧。张潮轻松道来，颇合他士大夫的身份。士大夫家有余财，布施老僧，听听说经，感受禅机，了解些佛法，乐在其中，是一件轻松悠闲事，不必多言，惟其"亟宜早早完粮"一语，不免为局外人之谈，不中肯綮。明、清时代，耕作技术仍很落后，家有几分薄田，能糊口度日已属不易；租人田地，完粮交租，要维持生计，更见艰难。对于租田耕作的农夫，最大的心愿莫过于风调雨顺，挥洒血汗后有个丰收，除交租完粮，尚有余存，保全一家免受饥饿之苦。倘不幸遭遇旱、涝、虫灾，无多少收成，则不免妻子啼饥号寒，地主催逼完租，不知演了多少妻离子散、家破人亡的悲剧。那时，生存尚且难顾，何论"败意"？由此可看出张潮没能体会到稼穑的艰难。

八二　松下听琴

松下听琴，月下听箫，涧边听瀑布，山中听梵呗[1]，觉耳中别有不同。

【原评】

张竹坡曰：其不同处，有难于向不知者道。

倪永清曰：识得不同二字，方许享此清听。

【注释】

❶ 梵呗：佛教名词。指佛教徒以短偈形式赞唱佛、菩萨的颂歌，或敲木鱼清唱，或以乐器伴奏。

【评析】

音乐是人类的第二语言。音乐之美，在于它能拨动人的心弦，引起人心灵上情感上的共鸣，把人的思想带入一种美妙的境界。悠扬的琴声，凄美婉转的箫声，清远的梵乐都给人一种难以言说的美的享受。选择最适合的空间来感受音乐，藉江山自然之助，更添听音的妙趣。松下听琴，松的高洁与琴的幽雅使人有一种远离尘世超然物外的感触。月下听箫，朦胧的月色使箫声更显深沉、清悠。梵乐作为一种特殊的音乐形式，凡人听之亦会有醍醐灌顶之感。在幽静的山里听梵呗，更让人体味到空灵、静寂、天地幽渺。而在涧边听轰鸣的瀑布声，那深涧大壑更让人体味到博大深远，在涧边听瀑声，恰如欣赏大自然发出的协奏曲。选择适当的地方，耳中听乐，眼中观景，会心处所达到的境界定然妙不可言。

八三　月下听禅

月下听禅，旨趣益远；月下说剑，肝胆益真；月下论诗，风致益幽；月下对美人，情意益笃。

【原评】

袁士旦曰：溽暑中赴华筵，冰雪中应考试，阴雨中对道学先生，与此况味何如？

【评析】

禅宗以心灵空明澄澈、清静如水为最高境界，而月光如水，空明宁静，与此境

相通，故而在禅诗中，便多有以月光比心或以月光参禅者。如《续传灯录》卷二二《漳州保福本权禅师》下引寒山偈云："吾心似秋月，碧潭清皎洁。"《五灯会元》卷十五有泐潭灵彻说西来之意："东庵每见西庵雪，下涧长流上涧泉；半夜白云消散后，一轮明月到窗前。"而谓"月下听禅，旨趣益远"正取此意。

剑与侠相关，侠意味着仗义执言，舍己为人，在皎洁的月光下，心如月光明净，谈剑说侠，剑的寒光与月的清辉相交融，肝胆益见真诚。

人们赋予月亮许多美好的传说，古往今来，以月亮为题而吟咏的诗篇举不胜举。而月光的皎皎、滟滟、朦朦都有无限的诗意。在这充满诗意一片朦胧的月光下论评古今诗作，会平添许多韵味。

月下观美人，美人的意态与月的神秘、朦胧相映生辉，美人在温柔的月色下更有韵致，恰如面对画中之美人，情感会进一步升华，这就是"月下对美人，情意益笃"之意吧。

八四　有地上之山水

有地上之山水，有画上之山水，有梦中之山水，有胸中之山水。地上者，妙在丘壑深邃；画上者，妙在笔墨淋漓；梦中者，妙在景象变幻；胸中者，妙在位置自如。

【原评】

周星远曰：心斋《幽梦影》中文字，其妙亦在景象变幻。

殷日戒曰：若诗文中之山水，其幽深变幻更不可以名状。

江含徵曰：但不可有面上之山水。

余香祖曰：余境况不佳，水穷山尽矣。

【评析】

"仁者乐山，智者乐水"，山水永远是人们钟爱的寄托情感的事物。张潮很形象地将山水分为四种：地上山水、画中山水、梦中山水、胸中山水。四种山水各有特点。

地上山水乃自然造化，重峦叠峰，绵延山脉，深沟巨壑，淙淙溪流，岩泉瀑布，碧波万顷，本身就是绝美画卷。自然山水有着其他山水无法比拟的深广博大、神秘莫测。

作为自然山水的主观反映，画上的山水经过了作家的提炼，画家往往藉画笔表达某种情绪，在浓墨重染、纵情泼墨时，其主观倾向也淋漓尽致地表现出来。画中山水是在通过笔墨浓淡、笔力强弱、景观布置、比例安排，体现其艺术的创造。

梦中山水具有很大的变化空间。它随起随灭，随意组合，可以是自然山水的再现，可以是自然山水的变形，它变幻不定，难以捉摸。

与上述有所不同的是胸中山水。地上山水为自然造化，不易变更；画上山水一经画出也无法更改；梦中山水变幻莫测，人不能自主；而胸中山水是人理想境界的表达，可由自己组合、布置、调整、绘制。

八五　一日之计种蕉

一日之计种蕉，一岁之计种竹，十年之计种柳，百年之计种松。

【原评】

周星远曰：千秋之计，其著书乎？

张竹坡曰：百世之计种德。

【评析】

古人对栽种植物的作用的认识，远不及现在全面。但出于实用的目的，或为自己，或为儿孙，在这一点上，可以说古今如出一辙。从这则文字所

谈，便可看出这种倾向。

所谓一日之计种蕉，指蕉这种植物，从栽种之日起便具观赏价值。一岁之计种竹，指竹一年可成材，四季常青，给人清奇飘逸之感；十年之计种柳，指柳要经十年寒霜酷暑才能成材，柳条青青，绿荫蔽日，可供人纳凉休憩；百年之计种松，指松无百年，不能成参天大树，百年老松苍劲葱茏，历来为世人所钟爱。

种蕉、竹、柳能立竿见影，可以为己所用；而百年之松，则纯为后世子孙计。眼前之效、现实之利固然重要，而远景规划更不可少。社会的进步，人类的发展，要兼顾眼前利益与长远利益，那就应制定好短暂计划与长远计划，要有发展的眼光，为子孙后代做些积累。

八六　春雨宜读书

春雨宜读书，夏雨宜弈棋，秋雨宜检藏，冬雨宜饮酒。

【原评】

周星远曰：四时惟秋雨最难听，然予谓无分今雨、旧雨，听之要皆宜于饮也。

【评析】

春雨淅沥、轻柔、细密，像轻音乐，当此之时，静心坐在家中，或史书、或经书、或诗文，娓娓读来，十分惬意。

夏天下雨，电闪雷鸣、风狂雨骤，如催征战鼓，使人难以宁静，对弈则是最好的活动，既可消遣，又使人平心静气，舒缓心情。

秋雨连绵，清冷萧飒，使人烦愁，当此时，翻检收藏，将思绪带回往事中，陷入温馨回忆里，既消磨时光又冲淡冷寂凄清中的愁苦意绪。

冬雨天寒，手脚也不大想动，更觉无聊，若与朋友觥筹交错，则能助人雅兴，即使自斟自饮，亦能消寒暖身，也是件增人兴致之事。

其实，下雨是种自然现象，人们左右不了，该做什么还要去做，而张潮却分门别类，反映出他个人的情调，也表现了古代士大夫优游自得的享受观念，间接反映了他们闲适无忧的日常生活。

八七　诗文之体

诗文之体，得秋气为佳；词曲之体，得春气为佳。

【原评】

江含徵曰：调有惨淡悲伤者，亦须相称。

殷日戒曰：陶诗，欧文，亦似以春气胜。

【评析】

这两句话包含了如下两层含义：一、旧有诗庄词媚一说，以为诗言志，以庄重蕴藉为正宗；而词则可以写艳情，用语直白明快。在他们看来，词曲与诗文较，前者俗，后者雅。所谓春气，即指词曲能写春情，风格灵动；所谓秋气，则指诗文应该严肃，不可轻佻油滑。二、朱彝尊《紫云词序》中说："昌黎子曰：欢愉之言难工，愁苦之言易好。……斯亦善言诗矣。至于词或不然，大都欢愉之词，工者十九，而言愁苦者，十一焉耳。"也就是说，诗宜写穷愁，词宜写欢愉。所谓"诗文之体，得秋气为佳"，便含有诗文宜写穷愁的意思。因秋的特征是悲，是苦；而"词曲之体，得春气为佳"，则含有词曲写欢愉、写儿女私情的涵义，因为春天的主调是欢快。

八八　抄写之笔墨

抄写之笔墨，不必过求其佳；若施之缣素❶，则不可不求其佳。诵读之书籍，不必过求其备；若以供稽考❷，则不可不求其备。游历之山水，不必过求其妙；若因之卜居，则不可不求其妙。

【原评】

冒辟疆曰：外遇之女色，不必过求其美；若以作姬妾，则不可不求其美。

倪永清曰：观其区处条理，所在经济可知。

王司直曰：求其所当求，而不求其所不必求。

【注释】

❶ 缣(jiān)素：白绢。可供书法绘画用。❷ 稽考：考核，考证。

【评析】

一般抄写不同于书法，前者仅备临时使用，后者则要传于后世；前者重适用，后者则讲美观。所以，对笔墨的要求自然有区别，用作抄写的笔墨不需太过讲究，而用作书法的笔墨必须讲究。

对书籍来说，供诵读的书籍出于喜爱与消遣，不必过于追求完备，供稽考的书籍则要求其完备。要搞研究，必要旁征博引才能治学严谨，书多才可备急需之用。故说“诵读之书籍，不必过求其备；若以供稽考，则不可不求其备”，可谓深得读书治学三昧。

至于山水风景，各有千秋，从欣赏的角度言，有可观处便不枉一行。但对于择地而居，则一定求其秀丽奇妙。因为游历可以跑遍天下山水，尽览天下景色，而居住则要朝夕相对，寄身其中。

从这则文字，不难见出作者的经济头脑与务实观念。“求其所当求，而不求其所不必求”(王司直评)，我们在生活、工作、学习中亦可奉此为信条。

八九　人非圣贤

人非圣贤，安能无所不知！只知其一，惟恐不止其一，复求知其二者，上也；止知其一，因人言始知有其二者，次也；止知其一，人言有其二而莫之信者，又其次也；止知其一，恶人言有其二者，斯下之下矣。

【原评】

周星远曰：兼听则聪，心斋所以深于知也。

倪永清曰：圣贤大学问，不意于清语得之。

【评析】

孔子说：“生而知之者上也，学而知之者次也；困而学之，又次也；困而不学，民斯为下矣。”(《论语·季氏》)以拥有知识的途径及对待知识的态度，将人分为四等。相比较，张潮这里认为“人非圣贤，安能无所不知”，认为人的知识均后天学习所得，取消“生而知之”一种，则显得较为客观。

按照对待新知的不同表现，张潮也将人区分为四种。一种是知其一，并主动去知其二，不满足已有知识，渴望获取新知，这种人积极进取，自觉追求发展与提高，张潮许其为最上一等。二种是知其一，听人说才知道有其二，这种人亦能接受新知，但没有太多的热情去追求新知，只是被动、缓慢地提高，张潮称之为次一等的人。三种是只知其一，别人说起新的内容，却仍不相信。这种人有点故步自封，难有发展与进步，张潮说这是又次一等的人。最下等的是第四种，这种人只知其一，又心胸狭隘，惟恐别人胜过自己，厌恶别人说出他所不知道的东西，这种人不会开拓新知，又嫉恨别人超过自己，是最没出息也最危险的人。

“人不能像走兽那样活着，应该追求知识与美德。”要为人类文明与社会发展多做贡献，不虚度人生，就应取法张潮所说的上等之人，努力学习，不断从知识中获取力量。

九〇　史官所纪者

史官❶所纪者，直世界也；职方❷所载者，横世界也。

【原评】

袁中江曰：众宰官所治者，斜世界也。

尤悔庵曰：普天下所行者，混沌世界也。

顾天石曰：吾尝思天上之天堂，何处筑基？地下之地狱，何处出气？世界固有不可思议者！

【注释】

❶ 史官：主管文书、典籍之官。这里指修史之官。❷ 职方：《周礼》夏官的属官有职方氏，掌管天下地图与四方蛮夷戎狄的物产及职贡。唐宋至明清都于兵部设职方司，主要掌管疆域图籍。这里指绘制疆域图籍者。

【评析】

史官修史，从古到今，举凡历朝帝王后妃、名臣大儒，乃至历代制度及经济、政治、军国大事沿革，都有叙写。从通史可见出上下几百年或千年的历史风云，见出诸多王朝的兴衰更替；从断代史也能见出数百年或几十年某一个或某几个王朝的发展。所谓“直世界”是纵向的，指历史所展现的是不断发展的世界。

与史官修史司掌不同，职方绘制疆域图籍，只是就一定时期的疆域现状、山川名胜，进行描绘，它所展现的，只能是一个个横断面，是某个王朝特定时期的地域风物，也就是所谓的“横世界”。

张潮这则文字，区别史官修史与职方所制疆域图籍的不同，仅用“直”、“横”加以区分，以“直世界”、“横世界”分别形容史书与疆域图籍，可谓形象逼真、生动恰切。

九一　先天八卦

先天八卦，竖看者也；后天八卦，横看者也。

【原评】

吴街南曰：横看竖看，皆看不著。

钱目天曰：何如袖手旁观！

【评析】

先天八卦图，离在西，坎在东。离表示日，坎表示月。日指阳，月指阴，由阴到阳，即由东到西，此是竖看。后天八卦图，离在北，坎在南。由离到坎，由日到月，由阳到阴，呈竖线状，此谓横看。

张潮于易学很有讲究，兴趣亦多。其《檀几丛书》收尤侗《负卦》、王晫《谄卦》；又录其自撰《贫卦》，可以为证。这则文字对先天、后天八卦的论说，同样说明了这一点。

九二　藏书不难

藏书不难，能看为难；看书不难，能读为难；读书不难，能用为难；能用不难，能记为难。

【原评】

洪去芜曰：心斋以“能记”次于“能用”之后，想亦苦记性不如耳。世固有能记而不能用者。

王端人曰：能记、能用，方是真藏书人。

张竹坡曰：能记固难，能行尤难。

【评析】

高尔基说，书籍是人类进步的阶梯。读书，这个我们习以为常的过程，实际上是人的心灵和上下古今一切民族的伟大智慧相结合的过程。古今中外不少人对书青睐有加。买书则可以阅读，阅读需要理解领悟，领悟了才可学以致用。

只要有钱就能买书，关键是买回来是否认真浏览。不少人买回来后束之高阁，无暇去看，倒不如借来的书看的多，所以“藏书不难，能看为难”颇有道理。

看书或许不难，我们出于好奇，可能见书就大致翻翻，走马观花，好读书不求甚解；是否真正领悟了书的要义精髓很难说。要对书的内容融会贯通，定要精读，“看书不难，能读为难”，一般翻阅与精读读懂是两种不同的境界，“能读”并不简单。

读书的最终目的是为益智博学，学以致用，用知识服务于社会人生。但理论与实践是两回事，有的人，也许学富五车，但死搬教条，不能灵活地将知识用于实际操作中，尽信书不如无书，真正能将知识与实践有机结合并灵活运用者为数不多，“读书不难，能用为难”，可谓一语中的。

书海无涯，人生有涯，人的记忆力极其有限，能记住书中的智慧，不再遗忘，对于每个人来说都不大可能，所以张潮只有徒然感叹“能记为难”了。

九三　求知己于朋友易

求知己于朋友易，求知己于妻妾难，求知己于君臣则尤难之难。

【原评】

王名友曰：求知己于妾易，求知己于妻难，求知己于有妾之妻尤难。

张竹坡曰：求知己于兄弟亦难。

江含徵曰：求知己于鬼神则反易耳。

【评析】

鲁迅说："人生得一知己足矣，斯世当以同怀视之。"可知知音难觅。张潮认为在朋友中找知己容易，在妻妾中找知己困难，在君臣中间寻找知己便难上加难。

朋友指同师同志、志同道合、情谊相投的人，《易经·兑卦》说："君子以朋友讲习。"孔颖达疏："同门曰朋，同志曰友。"既然志同道合，情谊甚笃，彼此间互相尊重，志趣相投，那容易成为知己。

妻妾不同于朋友。旧婚姻以父母之命、媒妁之言而成，男子有广阔的活动空间，女子则深处闺中，男子与其妻妾不可能有许多了解、沟通，在许多问题上难以达成共识，谈何志趣相投，何况男尊女卑观念根深蒂固，男子求知己于妻妾间较难。

专制社会等级森严，君主操生杀予夺大权，君让臣死，臣不得不死，君臣间无任何平等可言，伴君如伴虎，稍有不慎，就会招致飞来横祸，所以，求知己于君臣间，近乎痴人说梦。张潮说："求知己于君臣之间尤难之难。"

九四　何谓善人

何谓善人？无损于世者，则谓之善人；何谓恶人？有害于世者，则谓之恶人。

【原评】

江含徵曰：尚有有害于世而反邀善人之誉，此实为好利而显为名高者，则又恶人之尤。

【评析】

善恶观念古已有之，人确有善恶之别，张潮认为对社会对他人没有损害者称为善人，反之称为恶人。从这一社会评判标准看，张潮颇有些超前意识。

要做一个"无损于世"的善人，却是一种很高的境界。起码要具有以下几方面的条件：一、加强修养、砥砺情操，具有完善的人格。二、有鲜明的是非善恶观念。三、严于律己，高度理智，能经得起各种诱惑，不单纯为欲念趋动。四、慎于言行，对自己的一言一行，都要抱负责的态度，三思而后行。然而有时候动机与结果并不完全一致，甚至会截然相反。如以良好的动机做出有损于世的举措，人们可以给予适当的谅解，却不能将其饶恕。因为它毕竟危害到了社会。这则文字以有损或无损于世作为判别恶人与善人的唯一标准，很有点以法治人的观念。是对传统的人治观念的大胆否定。

九五　有工夫读书

有工夫读书，谓之福；有力量济人，谓之福；有学问著述，谓之福；无是非到耳，谓之福；有多闻、直谅之友，谓之福。

【原评】

殷日戒曰：我本薄福人，宜行求福事，在随时儆醒而已。

杨圣藻曰：在我者可必，在人者不能必。

王丹麓曰：备此福者，惟我心斋。

李水樵曰：五福骈臻固佳，苟得其半者，亦不得谓之无福。

倪永清曰：直谅之友，富贵人久拒之矣，何心斋反求之也？

【评析】

吴从先《小窗自纪》中说："读书可以医俗。"能有闲暇，一卷在手，与智者进行心灵的对话，听圣贤讲大道，谈立身，说学问源流，阐道明理，增广识见，学习做人，陶冶情操，的确是一种享受。"有工夫读书"，对终日为俗事缠绕不得清闲者来说更具魅力，令人神往。

对于有善心的人来说，有力量有条件去救贫扶弱，也是一种莫大的福分。

《左传》中说："太上有立德，其次有立功，其次有立言，虽久不废，此之谓不朽。"古人将立言与立德、立功并称为三不朽，可见立言著述的重要。"有学问著述"，阐述自己的社会人生真知，抒发一己的情志，为文化积累添砖加瓦，这是值得羡慕赞许的事功。

人生社会，五色杂陈。人生活在是非场中，当你还没修行到"八风吹不动"的境界，最好是眼不见为净，不听是非，不管是非，这也是避免烦恼的最佳途径。但树欲静而风不止，是是非非多少事躲也躲不开。张潮说："无是非到耳，谓之福。"身心的清净多么难得。

人生活于社会，总要与人交往、沟通。若拥有多闻直谅之友，可以增长见识，不断提高自己，在直谅之友的感染下，不断完善自己。在与多闻直谅之友交往中收益多多。有多闻直谅之友，可谓人生一福。

九六　人莫乐于闲

人莫乐于闲，非无所事事之谓也。闲则能读书，闲则能游名胜，闲则能交益友，闲则能饮酒，闲则能著书。天下之乐，孰大于是？

【原评】

陈鹤山曰：然则正是极忙处。

黄交三曰：闲字前，有止敬功夫，方能到此。

尤悔庵曰：昔人云“忙里偷闲”，闲而可偷，盗亦有道矣。

李若金曰：闲固难得。有此五者，方不负闲字。

【评析】

人有许多生存的艰辛与无奈。或为工作，或为生意，或为繁琐的家务，终日忙碌，不得清闲。出于事业的需要，出于生计的需要，出于日常生活的需要，出于作为父母子女兄弟姐妹应尽义务的需要，人疲于奔波，苦于应酬，心力交瘁。人，完全成了各种需要的奴仆而难能主宰自己。若能有空闲的时间属于自己支配，那定是十分令人愉快的。

有了空闲的时间属于自己，则能享受平素难以享受到的各种人生乐趣。静心读书，修心养性，游览名胜，赏心悦目，广交益友，增长见识，开阔胸怀，饮酒品茗，自得清闲，著书立说，更是人生一盛事。有了闲暇，人可自适其性地安排。由此可知张潮所说的闲，绝不是无所事事，而是做些适情顺性、恬然自得的事，不为物役，不为形牵，身心泰然，天下的快乐，莫过于此。

九七　文章是案头之山水

文章是案头之山水，山水是地上之文章。

【原评】

李圣许曰：文章必明秀，方可作案头山水；山水必曲折，乃可名地上文章。

【评析】

“文章乃经国之大业，不朽之盛事。”文章的内容包罗万象，它浓缩了人类的历史，描写出人世的沧桑。它写尽了人间的悲欢离合，有着一波三折、引人入胜的情节，使读者心驰神往、荡气回肠。不同的文章有不同的风格。正如游览山水，或奇峰突兀，或深涧大壑，或小溪淙淙，或碧波万顷，使人观之不尽，回味无穷。读好文章会读不舍手。称“文章是案头之山水”可谓妙比。

文章出于人工创作，山水则为天工造化。何处为山，何处为水，何处是高耸入云的山峰，何处是蜿蜒连绵的伏脉，何处为涓涓细流，何处为汪洋大海，布局巧妙，景色宜人，正似上天的神来之笔。观赏山水，使人流连忘返，似在诵读妙文，使人心旷神怡。以“山水是地上之文章”，喻自然安排的有序、新巧、独特、宜人，可说是巧喻。

九八　平上去入

平上去入，乃一定之至理。然入声之为字也少，不得谓凡字皆有四声也。世之调平仄者，于入声之无其字者，往往以不相合之音隶于其下。为所隶者，苟无平上去之三声，则是以寡妇配鳏夫，犹之可也。若所隶之字自有其平上去之三声，而欲强以从我，则是干有夫之妇矣，其可乎？姑就诗韵言之，如东、冬韵，无入声者也，今人尽调之以东、董、冻、督。夫督之为音，当附于都、睹、妒之下；若属之于东、董、冻，又何以处夫都、睹、妒乎？若东、都二字俱以督字为入声，则是一妇而两夫矣。三江无入声者也，今人尽调之以江、讲、绛、觉，殊不知觉之为音，当附于交、绞、教之下者也。诸如此类，不胜其举。

然则如之何而后可？曰：鳏者听其鳏，寡者听其寡，夫妇全者安其全，各不相干而已矣。（东、冬、欢、桓、寒、山、真、文、元、渊、先、天、庚、青、侵、盐、咸诸部皆无入声者也。屋、沃内如秃、独、鹄、束等字，乃鱼、虞韵，内都、图等字之入声；卜、木、六、仆等字，乃五歌部之入声；玉、菊、狱、育等字，乃尤部之入声；三觉、十药，当属于萧、肴、豪；质、锡、职、缉，当属于支、微、齐。质内之桔、卒，物内之郁、屈，当属于虞、鱼；物内之勿、物等音，无平上去者也；讫、乞等，四支之入声也。陌部乃佳、灰之半，开、来等字之入声也。月部之月、厥、阙、谒等及屑、叶二部，古无平上去，而今则为中州韵内车、遮诸字之入声也。伐、发等字及曷部之括、适及八黠全部，又十五合内诸字，又十七洽全部，皆六麻之入声也。曷内之撮、阔等字，合部之合、盒数字，皆无平上去者也。若以缉、合、叶、洽为闭口韵，则止当谓之无平上去之寡妇，而不当调之以侵、寝、缉、咸、喊、陷、洽也。）

【原评】

石天外曰：中州韵无入声，是有夫无妇，天下皆成旷夫世界矣。

【评析】

这则文字可以说是一篇音韵学专论，所谈的中心内容是平仄运用中，当遇到该用入声却没有相应的入声字时，能否以音近的字充用这一问题。作者认为，用于充代的字，如果同为入声，勉强可以；如果不是入声，则绝不可以。而最理想的办法是顺其自然，不生硬强凑。文中，作者结合诗韵，就时人生拉硬派的做法作了具体说明，并进行了辛辣的调侃与批判。

作为说理文字，这则文字在议论说理中，既重视事实，又巧用比喻。如举"督"字"觉"字为例，说"督"本与都、睹、妒归属一类，不能将它再派入东、董、冻之中。否则，将对都、睹、妒无法处置。如果"督"同时并属于东、都两韵部，则无疑一妇两夫，十分荒唐。再如"觉"字，既属交、绞之下，如果再将它派入江、讲、绛之中，同样如此。以事实说话，便显得力有千钧，不可辩驳。以比喻的连用来加强形象生动性，如将同为入声之字替代比况为寡妇配鳏夫，将有平上去三声的字硬充入声比为干有夫之妇、一妇两夫，这都平添了说理的分量，也显示出真理在握者的诙谐幽默、轻松自然，具有极佳的艺术效果。

九九　水浒传是一部怒书

《水浒传》是一部怒书，《西游记》是一部悟书，《金瓶梅》是一部哀书。

【原评】

江含徵曰：不会看《金瓶梅》，而只学其淫，是爱东坡者，但喜吃东坡肉耳。

殷日戒曰：《幽梦影》是一部快书。

朱其恭曰：余谓《幽梦影》是一部趣书。

【评析】

这则文字对三大小说名著主题的概括，是明清时代有关这三部书的主题的代表性意见。

说《水浒传》是宣愤之书，以李贽《忠义水浒传叙》为最早。《叙》中说："《水浒传》者，发愤之所作也。""施、罗二公身在元，心在宋；虽生元日，实愤宋事。是故愤二帝之北狩，则称大破辽以泄其愤；愤南渡之苟安，则称灭方腊以泄其愤。"

称《西游记》是参禅悟道之书，以谢肇淛《五杂俎》所说的"以猿为心之神，以猪为意之驰，其始之放纵，上天下地，莫能禁制，而归于金箍一咒，能使心猿驯伏，至死靡他，盖亦求放心之喻”为较早。其后，汪象旭《西游证道书》、陈士斌《西游真诠》、张书绅《新说西游记》、刘一明《西游原旨》、张含章《西游正旨》，则以批点形式，专门抉其微言大意，阐发其作为悟书的具体内涵。

说《金瓶梅》是哀时伤世抒发哀愁的书，欣欣子《金瓶梅词话序》中已见端倪，如其说“寄意于时俗，盖有谓也”，便有此意。至张竹坡评《金瓶梅》，则将此说发挥到极致。如《竹坡闲话》中说：“悲愤呜咽，而作秽言以泄愤也。”又其《苦孝说》云：“故作《金瓶梅》者，一曰含酸，再说抱玩，结口幻化，且必曰幻化孝哥儿，作者之心，其有余痛乎！”

虽然如此，却不能不承认张潮概括的精简扼要，集中精练，故其后论及三书主题，便有人引用张说，而张说也为小说资料收录，这便是对他的认同。

一〇〇　读书最乐

读书最乐，若读史书，则喜少怒多；究之怒处，亦乐处也。

【原评】

张竹坡曰：读到喜、怒俱忘，是大乐境。

陆云士曰：余尝有句云：“读《三国志》，无人不为刘；读《南宋书》，无人不冤岳。”第人不知怒处亦乐处耳。怒而能乐，惟善读史者知之。

【评析】

潜心读书是人生一大乐事。读经书、史书、子书、集部都会使人受益匪浅。因读书的种类不同，内心的感受自然也就不一样了。

张潮说，读史书喜少怒多。因为史书记历朝兴废，记忠奸之争。其中既不乏忠臣遭谗离忧，受屈被害；奸小恶贯满盈，逍遥法外；也每有山河残破，小朝廷苟且偷安，不思恢复；更有君昏臣佞，国是日非，政局动荡，黎民涂炭，所有这些，都不能不让读者拍案而起，义愤填膺。

所谓“怒处亦乐处”，则指当你读到贤良被害，奸小猖狂，看到天下混乱，国将不国，你的心灵受到震撼，书中内容深深拨动了你的心弦，使你为之愤怒，有忧国之思，激发你爱国热忱。读史书，使你在怒多喜少的情况下，明辨了是非，陶冶了情操，培养了刚直正义的品德。史书的魅力充分显示出来，这也是一件乐事。

一〇一　发前人未发之论

发前人未发之论，方是奇书；言妻子难言之情，乃为密友。

【原评】

孙恺似曰：前二语，是心斋著书本领。

毕右万曰：奇书我却有数种，如人不肯看何？

陆云士曰：《幽梦影》一书所发者，皆未发之论；所言者，皆难言之情。欲语羞雷同，可以题赠。

【评析】

古人视著书立说为人生大事。任何一本书要传之后世，必须经得起考验。要有创新意识，有深刻独到的见解，在理论上有所建树。张潮这则文字用来评价奇书的标准即是如此。能发“前人未发之论”才是奇书，才会与世长存，千古不朽。

朋友不同于妻、子，将朋友与妻、子比，用意在于强调朋友感情的真挚、笃厚。所谓“言妻子难言之情”，意指作为密友，必须既有妻、子对夫、父那样真诚的情谊，又有夫妻情、父子情所不能取代的其他方面的内容。作为夫妻、父子，其情固然深厚，但作为密友之间，有着夫妻、父子不能替代的更为广阔的沟通面，不囿于家长里短，他们有着更深层面的交往与沟通。他们肝胆相照，情投意合，弥补了夫妻、父子间交流的缺憾。所以说，言妻子难言之情，可称得上密友，人生有密友相伴，也可称为无憾的人生了。

一〇二　一介之士

一介之士，必有密友。密友不必定是刎颈之交❶。大率虽千百里之遥，皆可相信，而不为浮言所动；闻有谤之者，即多方为之辩析而后已；事之宜行宜止者，代为筹画决断；或事当利害关头，有所需而后济者，即不必与闻，亦不虑其负我与否，竟为力承其事。此皆所谓密友也。

【原评】

殷日戒曰：后段更见恳切周详，可以想见其为人矣。

石天外曰：如此密友，人生能得几个？仆愿心斋先生当之。

【注释】

❶ 刎颈之交：语出《史记·廉颇蔺相如列传》：“卒相与欢，为刎颈之交。”对此，司马贞《索隐》引翟浩语曰：“要齐生死而刎颈无悔也。”喻指可以同生死共患难的

朋友。

【评析】

这则文字对什么样的人会拥有密友以及密友的内涵作了具体的说明。

作者认为，耿介正直的人才会有密友，因为他真诚待人，不存私心。而必须具备以下几方面的素质才可称之为密友。一、彼此绝对信任，不因天各一方，相距遥远，而听信别人的不实之词，疏淡友情；二、虽不生活在一地，听到有人对朋友进行诽谤，一定尽力为朋友辩白，尽力去澄清事实，维护朋友的名誉；三、朋友有事，宜行宜止，代为筹画决断；四、朋友有事关涉利害，虽需花费重资，不必通知朋友就毫不犹豫地替他办妥。而这四点，归结起来，实仅一点，即朋友一体，以待己待友。

颂赞友谊，在明清时代文学创作中，是普遍的主题。所以会出现这种创作现象，在于当时社会伦常废弛，人心不古，世态炎凉，人情险恶，于是，人们对友情格外神往。而文学创作顺应潮流，反映了人们内心的呼唤。

一〇三　风流自赏

风流自赏，只容花鸟趋陪；真率谁知？合受烟霞供养。

【原评】

江含徵曰：东坡有云：当此之时，若有所思，而无所思。

【评析】

风流才子、风流人物、风流倜傥、风流儒雅、风流潇洒、风流蕴藉，这种种与风流相关词藻所显示的意象，都令人羡慕、称赏，但“风流自赏”却不尽如此。风流自赏者自命清高，不容于世，顾影自怜。他们自鸣得意、孤芳自赏，在社会上得不到认可，只好与花鸟相伴了。花开花落无心，鸟飞鸟止随意，在风流自赏者看来，花鸟是出尘拔俗之物，花开娇艳，小鸟啁啾，花鸟无世俗污浊机心，正可与他们的风流品格合拍。

真率，即真诚率直，不矫揉造作，无一点矫情。真率是一种值得称赏的品格。然世上为了各自的利益，尔虞我诈，争强斗狠，蝇营狗苟，率真之人与污浊的社会格格不入，不能媚俗，也只有避世了。既无人知晓，无人理解自己的真率，那只好隐栖山林，不食人间烟火，在深山老林之中，接受烟霞的供养。

一〇四　万事可忘

万事可忘，难忘者名心一段；千般易淡，未淡者美酒三杯。

【原评】

张竹坡曰：是闻鸡起舞，酒后耳热气象。

王丹麓曰：予性不耐饮，美酒亦易淡。所最难忘者，名耳。

陆云士曰：惟恐不好名。丹麓此言，具见真处。

【评析】

众所周知的《红楼梦·好了歌》数说了世人不能忘怀的四件事：功名、金银、娇妻、儿孙。又以功名放在首位，可知功名在人心目中的地位。这则文字所说的“万事

可忘，难忘者名心一段”，也说明了功名的分量。人们如此看重功名，与传统价值观念有关，古代知识分子格外看重名分，认为“名”是对一个人行为的评价与认可，是一个人价值观念的体现。也与古代用人不公，才而不得其用，故益加热望扬名的心理密切联系。为了“名”，不知累煞了天下多少英才豪杰。

生活的坎坷，命运的多舛，人们愁肠百结。“何以解忧?惟有杜康”，借酒消愁便成人们求得解脱的主要形式。负荷过重的人，喝几杯美酒，酒精麻痹了神经，飘飘然忘乎一切，心灵得到暂时的解脱，仿佛进入了轻松自由的神仙境界。“难忘名心”、“未淡者美酒”，说得轻松，实则沉重。世人又有几个可勘破“名利”二字。

一〇五　芰荷可食

芰荷❶可食，而亦可衣❷；金石❸可器，而亦可服❹。

【原评】

张竹坡曰：然后知濂溪不过为衣食计耳。

王司直曰：今之为衣食计者，果似濂溪否?

【注释】

❶ 芰荷：泛指荷叶与荷花。❷ 衣：穿着。❸ 金石：金银、玉石。❹ 服：佩带。

【评析】

道家以食用花卉、断绝烟火之物为修炼成仙的重要手段。如晚明小说名篇《灌园叟晚逢仙女》：“自此以后，秋公日饵百花，渐渐习惯，遂谢绝了烟火之物。”

其实，早在屈原《惜颂》中，便已经谈到以花为粮，如其所说：“捧木兰以矫蕙兮，凿申椒以为粮。播江离与滋菊兮，愿春日以为糗芳。”又《离骚》中也说：“朝饮木兰之坠露兮，夕餐秋菊之落英。”至于以芰荷制衣，见于《离骚》，有“制芰荷以为衣兮，集芙蓉以为裳”。在古人，以芰荷制衣，称隐者之服，喻志行高洁，这与以花为餐，都能显示人的洁身自好、不为浊世所污。

金石可以制成各种器物，举不胜举。从日常生活所用的锅碗瓢勺，到钟磬钵铙各种乐器，再到兵器、国鼎，无不与金有关。宝石的能为器物，如玉斗、玉尺、玉卮，所在多有。而其能够为服，也不鲜见，如金甲可以穿，金缕、金蝉可以为饰；玉玦、玉佩、玉珥、玉珠能为佩，都可供人装扮。金玉以喻坚贞，这也是人们喜欢它的原因之一。

芰荷象征高洁，金玉象征坚贞，两者有相通的特质，所以张潮在此将它们相提并论。

一〇六　宜于耳

宜于耳，复宜于目者，弹琴也，吹箫也；宜于耳，不宜于目者，吹笙也，擪(yè)管也。

【原评】

李圣许曰：宜于目不宜于耳者，狮子吼之美妇人也；不宜于目并不宜于耳者，面目可憎、语言无味之纨袴子也。

庞天池曰：宜于耳复宜于目者，巧言令色也。

【评析】

作为音乐演奏，让人耳、目皆能欢悦的，有弹琴与吹箫。琴、箫之声悠扬舒缓，余音袅袅。弹琴、吹箫的动作也轻松潇洒、优雅大方、纡徐不迫。相比之下，吹笙、按管只适宜耳听。吹笙、按管同样有美妙的音乐。那激越的声音同样给人美感。可作为演奏的乐师，却费尽了力气，一呼一吸，两腮或胀或瘪，有时用形体动作来配合演奏，看起来不大雅观。

张潮是一个古代文人，凡事都要讲格调，追求完美。其实，现在人们的欣赏角度、欣赏水平呈多元化趋势。张潮若生活在现代，来听听摇滚乐，看看霹雳舞，不知作何感想？

不过从此我们可悟出一个道理，世上人事，从外观到内容能够协调，既有美的形式，又有美的内质的，并不多见，两者不可得兼时，人们总是毫不犹豫地舍外在而取内质。作为音乐欣赏，只要音色优美，便基本上满足了人们的审美需求。

一〇七　看晓妆

看晓妆，宜于傅粉之后。

【原评】

余淡心曰：看晚妆，不知心斋以为宜于何时？

周冰持曰：不可说！不可说！

黄交三曰：水晶帘下看梳头，不知尔时曾傅粉否？

庞天池曰：看残妆，宜于微醉后，然眼花缭乱矣。

【评析】

南朝宫体诗人以轻靡为人诟病，其中多以女子衣领、绣鞋为吟咏对象，更遭人

批评。这句文字专谈看女子晓妆，应该说，也不无变态心理。但它又不尽同南朝诗作，而有其新的时代内涵。这便是晚明以来勃兴的崇尚声色的社会思潮。

当时，人们尤其是士人，爱美女、爱花草、爱园林、爱声伎、爱美食、爱茶酒、爱旅游、爱山水、爱闲书。在此种情况下，爱看女人梳妆，便也不足为奇。所谓"看晓妆宜于傅粉之后"，无疑指早起美人睡眼朦胧、面带慵困，傅粉之后，白净细腻，粉里透红，眉黛弯弯，兼有睡意朦胧美与修饰整容之妙，既自然又不露斑痕。所谓："宫粉轻轻按，一点樱桃绽。看，眉黛画来湾，远山模范。七尺青丝，绾出兰花瓣，一半宫妆一半懒。"(张潮《南中吕驻云飞·晓妆》曲)即说明了此点。看晓妆，时间限定在早晨新起，傅粉之后，可谓是深得其中三昧者之语。

一〇八　我不知我之生前

我不知我之生前，当春秋之季，曾一识西施否？当典午[1]之时，曾一看卫玠[2]否？当义熙[3]之世，曾一醉渊明否？当天宝[4]之代，曾一睹太真否？当元丰[5]之朝，曾一晤东坡否？

千古之上相思者，不止此数人。而此数人则其尤甚者，故姑举之以概其余也。

【原评】

杨圣藻曰：君前生曾与诸君周旋，亦未可知，但今生忘之耳。

纪伯紫曰：君之前生，或竟是渊明、东坡诸人，亦未可知。

王名友曰：不特此也！心斋自云："愿来生为绝代佳人！"又安知西施、太真不即为其前生耶！

郑破水曰：赞叹爱慕，千古一情。美人不必为妻妾，名士不必为朋友，又何必问之前生也耶！心斋真情痴也。

陆云士曰：余尝有诗曰："自昔闻佛言，人有轮回事。前生为古人，不知何姓氏！或览青史中，若与他人遇！"竟与心斋同情，然大逊其奇快！

【注释】

❶ 典午：典，即掌管，与"司"同意；午，在十二属中指马，故以为"司马"的隐语，又为司马氏晋朝的代称。❷ 卫玠：晋安邑人。字叔宝。风姿秀异，有玉人之称 。❸ 义熙：晋安帝司马德宗年号，始于公元四〇五年，迄于公元四一八年。❹ 天宝：唐朝玄宗李隆基年号，始于公元七四二年，迄于公元七五五年。❺ 元丰：宋神宗赵顼(xū)年号，始于公元一〇七八年，迄于公元一〇八五年。

【评析】

明代中晚期以来，一方面，随着统治阶级的愈加糜烂荒淫，封建道统的正经面纱被揭开，人们对它的迷信开始消失；另一方面，在新生资本主义萌芽的催发下，以情抗礼、以追求欲望的满足来对抗理学的禁锢，渐成滚滚洪流。其中，对美色的癖好，便是一个重要方面。如袁宏道称自己有"青娥之好"，张岱称自己"好美婢，好娈童"，王稚登与马湘兰、冯梦龙与侯慧卿、钱谦益与柳如是、冒襄与董小宛、侯方域与李香君，更以缠绵哀怨传为一时佳话。 而张潮这里所谓 "一识西施"、"一看卫玠"、"一睹太真"，或美女、或美男，正是续此一脉而来，而所谓的"一醉渊明"、"一晤东坡"，则表明了他对陶渊明、苏东坡人格才情的神往。陶、苏二人的思想，都以冲澹、达观、淡泊及胸襟豁达见称，这较之他们的创作，也许更能让张潮产生共鸣。

一〇九　我又不知在隆万时

我又不知在隆、万❶时，曾于旧院中交几名妓？眉公❷、伯虎❸、若士❹、赤水❺诸君，曾共我谈笑几回？茫茫宇宙，我今当向谁问之耶！

【原评】

江含徵曰：死者有知，则良晤匪遥。如各化为异物，吾未如之何也已！

顾天石曰：具此襟情，百年后当有恨不与心斋周旋者，则吾幸矣！

【注释】

❶ 隆万：隆庆、万历的省称。隆庆为明穆宗朱载垕的年号。万历为明神宗朱翊钧的年号。❷ 眉公：晚明文学家陈继儒，字仲醇，号眉公、麋公，华亭(今上海市松江)人。❸ 伯虎：即明代画家、文学家唐寅，字伯虎，一字子畏，自号六如居士。江苏吴县人。性不

羁，富才情。❹ 若士：即明代大戏曲家汤显祖，字义仍，号海若、若士、清远道人，江西临川人。❺ 赤水：即明代文学家屠隆，字长卿、纬真，号赤水、鸿苞居士，浙江鄞县人。

【评析】

这则文字所谓的交名妓，表露了如同上则的意思。而所谓的与唐寅、屠隆、汤显祖、陈继儒谈笑，则披示了他对名士风流的神往之情。按之文献记载：唐寅才气奔放，风流放浪；屠隆以仙令自许，放浪诗酒；汤显祖志意激昂，风骨道紧，宾朋杂坐，萧闲咏歌，俯仰自得；陈继儒通明俊迈，名倾寰宇。他们在明代均享名极盛，以文章才情为人所称道。作为文酒风流的代表，能与他们结交，自是文人学士的至愿。

在表现手法上，这则文字与上则文字具有共同的特点。这便是用佛教轮回思想，逞其奇思妙想。用问句格，加强其玄虚之感。

最后需要指出的是，由于张潮的疏于考订，将卒于嘉靖二年的唐寅误放在几十年后的隆、万时代，以至出现了很不应该的常识性错误。

一一〇　文章是有字句之锦绣

文章是有字句之锦绣，锦绣是无字句之文章，两者同出于一原。姑即粗迹论之，如金陵，如武林，如姑苏，书林❶之所在，即机杼❷之所在也。

【原评】

袁翔甫补评曰：若兰回文，是有字句之锦绣也；落花水面，是无字句之文章也。

【注释】

❶ 书林：古时称藏书刻书的地方。❷ 机杼：织机。

【评析】

文章是人用文字联缀而成的绚丽多彩的作品，锦绣是由丝而织就的精美鲜艳的丝织品。二者所用材料不同，但在手法上颇有相通之处。所以，我们形容一个人满腹文章、才华横溢时，多用锦口绣心称之；赞文章之妙，也多说锦绣文章。

文章与锦绣的相通处，大致有二：一、锦绣与文章同出于人的精心巧构，同为人的杰出创作，都可见出人的灵心慧性，所谓“同出一源”，即指此。二、精妙的文章与美轮美奂的锦绣都是人创造力的出色体现，都是人创造出来的美的客观存在，都给人美的享受与愉悦。这则文字所谈到的南京、杭州、苏州，在明清时代，不仅以织锦著称，且为图书刻印出版中心。江南，山清水秀，桑蚕业很发达，到现在，苏州、杭州的丝绸也是全国闻名的。灵秀的山水孕育了一代代才子，文章高手也多出自江南，所以说，人杰地灵，江南乃人间之胜地。

一一一　予尝集诸法帖字为诗

予尝集诸法帖❶字为诗，字之不复而多者，莫善于《千字文》❷。然诗家目前常用之字，犹苦其未备。如天文之烟霞风雪，地理之江山塘岸，时令之春宵晓暮，人物之翁僧渔樵，花木之花柳苔萍，鸟兽之蜂蝶莺燕，宫室之台槛轩窗，器用之舟船壶杖，人事之梦忆愁恨，衣服之裙袖锦绮，饮食之茶浆饮酌，身体之须眉韵态，声色之红绿香艳，文史之骚赋题吟，数目之一三双半，皆无其字。《千字文》且然，况其他乎？

【原评】

黄仙裳曰：山来此种诗，竟似为我而设。

顾天石曰：使其皆备，则《千字文》不为奇矣！吾尝于千字之外另集千字，而已不可复得，更奇。

【注释】

❶ 法帖：名家书法的拓本或印本。❷ 千字文：南朝梁武帝为教诸王学习王羲之的书法，命周兴嗣集王书一千字成文，四字一句，对偶押韵，以便记诵。唐人重王羲之书法，也以此为法帖。

【评析】

诗言志，歌咏言，在心为志，发言为诗，诗者，用来抒发情志者也。这是诗所以产生的原因。但随着诗歌史的发展，诗人对诗的形式愈趋讲究。以做诗方式论，有独吟，有联唱，有集古，有限韵；以诗的形式论，有律、绝、歌、行，有五言、七言、杂言，有离合诗、回文诗、璇玑图、盘中诗、建除体、八音歌、神智体、辘轳体、藏头诗等。这则文字所谈，则是做诗的又一种方式，类同于限韵，将诗歌用字限制在法帖所用字的范围内。这当然是一种文字游戏。真正的创作应当是我手写我口，笔下流淌的是无法遏制的感情的跃动，是思想感情的自然流露，它所反映的内容是十分广泛的。所以说，把写诗用字局限于法帖内，仅在形式上打转，只能使一种文体走向穷途末路。

一一二　花不可见其落

花不可见其落，月不可见其沉，美人不可见其夭。

【原评】

朱其恭曰：君言谬矣！洵如所云，则美人必见其发白齿豁，而后快耶！

【评析】

鲜花，色彩缤纷，千娇百媚，把人间装点得异常美丽。人徜徉于花的世界，心旷神怡。明月，皎洁，遍洒清辉，象征着纯洁、圆满，古往今来，明月寄托了人们不尽的情思。美人，仪态万方，光彩照人，人们对美人的偏爱，也是人的天性，不必多言。

鲜花、明月、美人作为三种美的形式，确实给人带来了美的享受，美的回忆。也许是它们在人心目中形象过于美好，人们又在它们身上寄寓了自己的人格意志，于是人们总希望花好月圆，美人青春永驻，而很不情愿看到花落月沉、美人年老色衰或者夭折。一旦目睹了美的东西遭毁灭，总令人心生凄凉。

其实，花开花落，月升月沉，人或寿或夭，都是自然现象，张潮过于追求完美，不愿见花落月沉，美人夭逝。当然，追求完美也是人类的目标，然自然规律也是应当遵循的。只不过，在生活中要多些平常心，“落红不是无情物，化作春泥更护花”，也如一首歌所唱的：花谢花会再开。平常心是道，有了平常心，人们的精神恬静，心态平和，自然会减少诸多遗憾。

一一三　种花须见其开

种花须见其开，待月须见其满，著书须见其成，美人须见其畅适，方有实际。否则皆为虚设。

【原评】

王璞庵曰：此条与上条互相发明。盖曰“花不可见其落”耳，必须见其开也。

【评析】

人们种花是为了赏花，花灿烂开放让人赏心悦目；待月是为赏月，一轮明月，遍洒银辉，使人心安神泰；著书是为了抒情言志、阐述自己的见解，成就不朽的事功；美人在舒心快意时更惹人怜爱。假如，养花不待花开，无花可赏；待月不到月圆，不见极致；著书半途而废，未成全璧；美人忧痛伤悲，难给人娱悦。那么，种花、待月、著书及美人都没有看到实际效果，也就失去了实际意义。称其“虚设”可谓贴切。

美的事物，要显示出审美效果，才有价值。人欣赏美，要见到极致方可尽兴。所以，种花者要看到花开满园；待月者要看到圆月；著书者看到书成才算心满意足；看美人要在她畅意时欣赏。

这则文字也启示我们，无论做什么事，都不可浅尝辄止、半途而废，而应有恒心，有毅力，朝着目标，义无反顾地走下去。只有这样，才会达到极致，走向辉煌，圆满“功德”。

一一四　惠施多方

惠施多方[1]，其书五车；虞卿以穷愁著书[2]，今皆不传。不知书中果作何语？我不见古人，安得不恨！

【原评】

王仔园曰：想亦与《幽梦影》相类耳！

顾天石曰：古人所读之书，所著之书，若不被秦人所烧尽，则奇奇怪怪，可供今人刻画者，知复何限！然如《幽梦影》等书出，不必思古人矣。

倪永清曰：有著书之名，而不见书，省人多少指摘！

庞天池曰：我独恨古人不见心斋！

【注释】

❶ 惠施：又称惠子，战国中期宋国人，主张合纵，著述甚多，均亡佚散失。方：方术。❷ 虞卿：战国时游说之士，主张合纵，著作有《虞氏春秋》，今佚。

【评析】

秦始皇要独裁天下，江山永固，传之千世万世，最怕者人心浮动，最忌者思想家摇唇鼓舌，于是便罢黜百家；还心虚，就连前人著述也一把火焚之，惠施、虞卿辈，在劫难逃。但被焚者惠子、虞卿之书籍，其思想已植根于人心，其大名早著于青史，千余年后，张潮们仍仰慕心仪之，美名不衰，传之久远，而秦朝的江山，二世即亡，始皇暴君的骂名，也将永无法洗掉。此可为史鉴也。

一一五　以松花为粮

以松花为粮，以松实为香，以松枝为麈尾[1]，以松阴为步障[2]，以松涛为鼓吹。山居得乔松百余章,真乃受用不尽。

【原评】

施愚山曰:君独不记曾有"松多大蚁"之恨耶!

江含徵曰：松多大蚁，不妨便为蚁王。

石天外曰：坐乔松下，如在水晶宫中见万顷波涛总在头上，真仙境也。

【注释】

❶ 麈尾：拂尘。❷ 步障：避风遮阳防尘用的屏障。

【评析】

用松花做粮，用松子做香料，用松枝做拂尘，把松树的枝干叶子当屏障，把风吹松林的涛声当音乐演奏，不知山中高士当真有否这种感觉。但萌生此等思想，显然是厌倦了尘世的喧嚣与芜杂，所表现的是对回归自然的渴望及企盼。而专慕自然之松，又别有深意存焉。松的傲霜雪、耐严寒、挺立不屈，向来为节烈志士称说，这里或许正包蕴着张潮的寄托和对污浊社会的针砭。

一一六　玩月之法

玩月之法，皎洁则宜仰观，朦胧则宜俯视。

【原评】

孔东塘曰：深得玩月三昧。

【评析】

明月皎洁，一空如洗，翘首望天，静观默望，诸种传说浮现脑际：嫦娥奔月，蟾蜍蚀月，吴刚斫桂，玉兔对嬉，多么浪漫而富有诗意。而月的皎洁，还让人感受到真纯明洁，所有俗念都被滤尽，得到净化和升华。月光朦胧，便为另一种景观，如云遮雾罩，似见未见，似真不真，虚虚实实，真真假假，多一份神秘，有雾中看花之美。张潮真能赏月。

一一七　孩提之童

孩提之童，一无所知，目不能辨美恶，耳不能判清浊，鼻不能别香臭。至若味之甘苦，则不第知之，且能取之弃之。告子以甘食、悦色为性[1]，殆指此类耳。

【注释】

❶ 告子：即告不害，战国人，与孟子同时，思想家，主张人性无善恶。

【评析】

尚在襁褓，初知发笑的婴儿，眼睛看不出美丑，耳朵不能分辨清音浊音，鼻子不能识别香臭，却能够辨别甘苦，弃苦取甘，这正如告子所说的“食色性也”，乃是人天生具备的能力。正因为生而具备了吃的能力，存活并发展才有了基础。这也就是人们在生存的诸多要素中将吃饭列于首位的道理。也惟此，使我们明白，社会的发展，应当以提高丰富人们的生活水平为第一要义，所谓首重生存权，是毫无疑问的。而穷折腾，以种种理由要人们勒紧裤腰带，置人之天性于不顾，便显得何等荒谬。

一一八　凡事不宜刻

凡事不宜刻，若读书则不可不刻；凡事不宜贪，若买书则不可不贪；凡事不宜痴，若行善，则不可不痴。

【原评】

余淡心曰：“读书不可不刻”，请去一“读”字，移以赠我，何如？

张竹坡曰：我为刻书累，请并去一“不”字。

杨圣藻曰：行善不痴，是邀名矣。

【评析】

凡事不可太过执著，太过顶真，欲速则不达，任何事情都需要一个过程，心急吃不成热豆腐。然而，若读书，不顶真便无法彻底领悟，不执著，就难能积少成多，成就大学问，这是显而易见的道理。凡事不宜贪，一成贪人，人神共愤，便要成孤家寡人；于己，贪心不足，欲壑难填，既有无量烦恼，也不可避免地因了贪心，触犯法律，终于毁灭自己。然而，若买书，贪多务得则未必坏事。只有贪多，才不计较贵贱，才不做功利的得失之想，才能得天下好书而聚之，读之，从而极大地丰富自己。凡事不宜痴呆懵懂，不明事理，不通人情世故，便妄为人生，虚度光阴，然而，行善做好事，却必须有点痴心。有了这痴心，便不做世俗想，为善不求人报，以行善为乐事，为追求，为事业，修人生大功德。

一一九　酒可好

酒可好，不可骂座；色可好，不可伤生；财可好，不可昧心；气可好，不可越理。

【原评】

袁中江曰：如灌夫使酒，文园病肺，昨夜南塘一出，马上挟章台柳归，亦自无妨，觉愈见英雄本色也。

【评析】

酒、色、财、气于人，不可或缺：酒能助兴，能舒筋活血，能添文思，能打破人与人之间的隔阂，能密切人和人的关系，有这诸多好处，自不可缺少；食色性也，君子好色如好德，好色乃人的天性，天性不可扼杀，好色也无可厚非；财既是人生存的基础，也是人创造性劳动的物化体现，财富的积累，更为社会发展的具体表现，聚财求财，当然是积极而值得肯定的；义气、骨气，更是人作为社会人与具体人的重要内容，讲义气是为他为群，讲骨气是维护一己做人的自尊，都为人所必备。然而，好酒而不可成癖成嗜，纵酒既伤身，耍酒疯骂座，更破坏与人的关系；好色而至于纵欲，势必伤生，伤生，则与天性相悖；好财而昧却良心，不讲社会公德，或因财而使人相互残杀，也与人类的进化及社会发展不符；因义气不讲原则，或一味强调自尊，置公理或法律于不顾，既有害于社会，又不利于个人的自立。过犹不及，不仅酒色财气，其他也同此理。

一二〇　文名可以当科第

文名可以当科第，俭德可以当货财，清闲可以当寿考。

【原评】

聂晋人曰：若名人而登甲第，富翁而不骄奢，寿翁而又清闲，便是蓬壶三岛中人也。

范汝受曰：此亦是贫贱文人无所事事，自为慰藉云耳；恐亦无实在受用处也。

曾青藜曰："无事此静坐，一日似两日。若活七十年，便是百四十。"此是清闲当寿考注脚。

石天外曰：得《老子》"退一步"法。

顾天石曰：予生平喜游，每逢佳山水，辄留连不去，亦自谓"可当园亭之乐"。质之心斋，以为然否？

【评析】

寒窗苦读，为的是"一举成名天下知"，由此言之，盛有文名，文章传世，广播天下，庶几近之。勤俭为致富之本，挥霍能坐吃山空，在此意义上，俭德自身就是一笔宝贵的财富。追求长寿，是为了更多更好地享受人生，而得以清静闲适，有颗平常心，既享受了人生的乐趣，也为身体健康生命长寿的重要前提，故说清闲可当寿考，也不无道理。然万言不值一杯水，亦古人所言；文章雕虫小技丈夫不为，亦古人言。以文名当科第，只能是张潮们的自我宽慰。勤俭胜于挥霍，但勤俭不是目的，发展才是最终的追求，如无发展，一味勤俭，于己愧于人生，于社会不会有任何发展。只讲清闲，不劳动创造，既不免无事生非，影响清闲，寄生他人，无益社会，长寿也了无意趣。

一二一　不独诵其诗

不独诵其诗、读其书是尚友古人，即观其字画，亦是尚友古人处。

【原评】

张竹坡曰：能友字画中之古人，则九原皆为之感泣矣！

【评析】

《孟子·万章下》中说："以友天下之善士为未足，又尚论古之人。颂其诗，读其书，不知其人可乎？是以论其世也，是尚友也。"尚通上，尚友古人即上与古人为友。读书如交友，读好书如听益友言，能开阔胸襟，澡雪精神，增长知识，扩大视野。其我所未曾认识者令我豁然开朗；其深得我心言我欲言而讲不出的，令我击节叹赏；其讲道德说教训在我如听诤言。只要能读懂，就和与友人交谈无异。读今人书，即是与今人交友；读古人书，即是与古人交友。读书如此，观字画，听音乐，无不如是，其中都包蕴了创作者的智慧、思想、认识、情绪，能理解作品，能产生共鸣，便为作者知音，也等于自己交了益友良师。

一二二　无益之施舍

无益之施舍，莫过于斋僧；无益之诗文，莫甚于祝寿。

【原评】

张竹坡曰：无益之心思，莫过于忧贫；无益之学问，莫过于务名。

殷简堂曰：若诗文有笔资，亦未尝不可。

庞天池曰：有益之施舍，莫过于多送我《幽梦影》几册。

【评析】

斋僧是为求得福报，但佛国虚幻，终等于白白施舍；诗文之作，乃为了抒发情志，写无聊奉承的祝寿之作，编出些寿比南山福如东海的假话套话，既无益于主人也不出于真诚。所以张潮说斋僧与撰写祝寿之文同属无益。虽然如此，斋僧布施的不绝如缕，写无聊文字的代不乏人。而肯将钱财用于人事，用于解救危难，用于希望工程者稀；肯写为民请命，关怀民瘼，直面人生者亦鲜。张潮如能活到今天，不知当做何等感想！

一二三　妾美不如妻贤

妾美不如妻贤，钱多不如境顺。

【原评】

张竹坡曰：此所谓"竿头欲进步"者。然妻不贤，安用妾美？钱不多，那得境顺？

张迂庵曰：此盖谓二者不可得兼，舍一而取一者也。

又曰：世固有钱多而境不顺者。

【评析】

视女人为祸水，显然是不经之谈，荒谬之论，但妻贤夫祸少，这句古训，在今天仍有着它的合理性。贤妻能为你营造一个幸福的家庭港湾，能给你提供一个舒适安逸温馨宁静的安乐窝，在遭受挫折或失意的时候，这便能给你安慰和力量，使你振作。若妻不贤，终日闻狮子吼，或家反宅乱，后院起火，一切都毫无意趣。相比较，不仅妾的美丑次于一等，妾的有无，都无关紧要。拥有钱财，可以使人衣冠楚楚，体面十足，恣意享用人生等等，然而，如果疾病缠身，或丧妻夭子，或众叛亲离，或终日遭人算计，倍受精神或肉体的折磨，富有钱财，也失去了任何意义，而处境和顺，在这时必然成为他最大的奢求，而两者孰重孰轻，当不难判识。

一二四　创新庵不若修古庙

创新庵不若修古庙，读生书不若温旧业。

【原评】

张竹坡曰：是真会读书者，是真读过万卷书者，是真一书曾读过数遍者。

顾天石曰：惟《左传》、《楚词》、马、班、杜、韩之诗文，及《水浒》、《西厢》、《还魂》等书，虽读百遍不厌。此外皆不耐温者矣，奈何！

王安节曰：今世建生祠，又不若创茅庵。

【评析】

创建新的寺庵乃白手起家从零开始，投入必多；而维修旧有之庵有基础在，自然节俭。读书亦然。生书要从句读识字开始，已读之书则无须这些工序。而省却工序，直入文理，读一遍即可有更新的收获，更多的领悟，起事半功倍之功效。张潮这话，并非拒绝新知，实在是针对读书走马观花者言，走马观花，不求甚解，为读书大忌，读书者当以此为鉴。

一二五　字与画同出一原

字与画同出一原，观六书始于象形❶，则可知已。

【原评】

江含徵曰：有不可画之字，不得不用六法也。

张竹坡曰：千古人未经道破，却一口拈出。

【注释】

❶ 六书：汉人据小篆的形音义分析而归纳出的六种造字方法，《说文解字叙》称指事、象形、形声、会意、转注、假借。

【评析】

字画同源，这在古人，已不乏论述，如《易经·系辞》中说："古者庖牺氏之王天下也，仰则观象于天，俯则观法于地，观鸟兽之文，与地之宜，近取诸身，远取诸物，于是始作八卦。"就是说伏羲上观天象，下察地文，及动物踪迹，山川形貌，而后画出八卦。其实，象形固然是"画成其物，随体诘诎"（《说文解字叙》），如日像太阳，月像月亮，但其仅为六书之一。更何况，字画的产生，既不同时，目的功用也不一样，绘画产生于五六十万年前的旧石器时代，旨在表达某种思想或情绪，而文字则出现在原始社会向奴隶社会的过渡时期，目的则是出于记事之需要。但绘画毕竟是文字的先驱，为文字的产生，具有着重要的启迪作用。张潮的这个说法，显然是拾人牙慧，而且被现代研究证明是不正确的。

一二六　忙人园亭

忙人园亭，宜与住宅相连；闲人园亭，不妨与住宅相远。

【原评】

张竹坡曰：真闲人，必以园亭为住宅。

【评析】

明清时代园林艺术的勃兴，是对自然的向往回归。园林的山水林木，静谧恬适，对疲于奔波，被生活或事业压迫得喘气艰难的人们，对厌倦尘世喧嚣，甚恶社会污浊的人们，既带来了消闲休憩放松调整的便利，也提供了一片清净安逸的乐土。但欣赏享受园林之乐，需要时间，忙于事务者，忙中偷闲，咫尺之地，便可抽闲往观，若

距离太远，就难有整块的时间去消受，所以张潮说忙人园亭，宜与住宅相近。清闲之人不同，有的是时间，园亭不妨建的远些，最好远离闹市，或就在野外，因为这更本真，更自然，更能得自然之趣。

一二七　酒可以当茶

酒可以当茶，茶不可以当酒；诗可以当文，文不可以当诗；曲可以当词，词不可以当曲；月可以当灯，灯不可以当月；笔可以当口，口不可以当笔；婢可以当奴，奴不可以当婢。

【原评】

江含徵曰：婢当奴，则太亲，吾恐"忽闻河东狮子吼"耳！

周星远曰：奴亦有可以当婢处，但未免稍逊耳。

又曰：近时士大夫往往耽此癖。吾辈驰骛之流，盗此虚名，亦欲效颦相尚；滔滔者天下皆是也，心斋岂未识其故乎？

张竹坡曰：婢可以当奴者，有奴之所有者也；奴不可以当婢者，有婢之所同有，无婢之所独有者也。

弟木山曰：兄于饮食之顷，恐月不可以当灯。

余湘客曰：以奴当婢，小姐权时落后也。

宗子发曰：惟帝王家不妨以奴当婢，盖以有阉割法也。每见人家奴子出入主母卧房，亦殊可虑。

【评析】

酒与茶均可解渴，酒能发挥茶的功效，故说酒可当茶。茶能醒神明目，却不具备酒之激烈，不能令人神经麻木，激动兴奋，飘飘然，故说茶不能当酒。诗可以叙事，可以抒情，可以表现文所能表现的一切，所以诗可以当文阅读；文不如诗含蓄，缺乏诗的平仄押韵，不能如诗那样思想跳跃，必须连贯周密，所以文不能当诗。曲由词演变而来，是词的发展，自由化，一些曲与词并无太大的分野，所以曲可以当词；但词较曲更含蓄，曲以字词重叠见长，曲用韵更密，词却以字词重叠为忌，大曲与词判然有别，所以词不可当曲。月的光亮可以照明，能读书做事，故月可以当灯；灯之光星星点点，仅可照一隅，不如月的遍照九州，辉洒大地，所以灯不能当月。笔能写下口想说的一切，笔能当口；但空口无凭，在没有录音的时代，口说无法作任何凭据，笔则能留下墨迹，白纸黑字，斑斑可寻，所以口不能当笔。女奴亦奴，能做奴仆可做的一切，所以婢可以当奴；而男仆不能出入内室，不能与女主人相近，所以奴不能当婢女。甲可以乙，反之不立，此段文字能为例证。

一二八　胸中小不平

胸中小不平，可以酒消之；世间大不平，非剑不能消也。

【原评】

周星远曰：“看剑引杯长。”一切不平皆破除矣。

张竹坡曰：此平世的剑术，非隐娘辈所知。

张迂庵曰：苍苍者未必肯以太阿假人，似不能代作空空儿也。

尤悔庵曰：龙泉、太阿，汝知我者，岂止苏子美以一斗读《汉书》耶！

【评析】

“何以解忧，唯有杜康”，酒能消愁，几杯老酒，麻醉了神经，飘飘然欲仙，一切都暂时忘却，天地间唯我为大，只有自己才是惟一的主宰，所有得失荣辱，都成为过去，都抛却脑后，所有重负枷锁，都暂且搁置退避，虽然闭上了看现实的眼睛，逃避了现实，毕竟偷得片刻摆脱了忧愁的煎熬。但酒的消愁，也只能是一己的坎坷挫折，小的沟沟坎坎，若民族阶级压迫，异族入侵，匪人骚扰欺凌等，却非借酒所能消去的烦恼愁苦，必须奋起反抗斗争，以刀剑等武器，在血与火的拼杀中求取解放自由，此所谓世间大不平，非剑不能消也。

一二九　不得已而谀之者

不得已而谀之者，宁以口，毋以笔；不可耐而骂之者，亦宁以口，毋以笔。

【原评】

孙豹人曰：但恐未必能自主耳！

张竹坡曰：上句立品，下句立德。

张迂庵曰：匪惟立德，亦以免祸。

顾天石曰：今人笔不谀人，更无用笔之处矣。心斋不知此苦，还是唐、宋以上人耳！

陆云士曰：古《笔铭》曰：“毫毛茂茂，陷水可脱，陷文不活。”正此谓也。亦有谀以笔而实讥之者，亦有骂以笔而若誉之者。总以不笔为高。

【评析】

铁肩担道义，妙手著文章，古人对于手下的这枝笔，非常看重，所谓立德、立功、立言，将立言与立德、立功并举，正可以见出此点。但生活于尘世，不免有无奈，有怨愤。处关系，要违心给人捧场，讲言不由衷说不合实际的话。既不能避免，说也无妨，却不可诉诸笔墨。遭不公待遇，遇不平事情，憋着难受，宣泄未尝不可，尽可以骂娘，做泼妇骂街，但也不可诉诸笔墨。诉诸笔墨，既亵渎了文字，也不仅让时人看轻，传之后世，还要让后人笑话。同时，诉之于口，空口白话，查无实证，算不得凭据；而一旦用笔写下，白纸黑字，便是永久的把柄。滑头主义论者绝不会将不得已之谀与不可耐之骂诉诸笔墨文字。

一三〇　多情者必好色

多情者必好色，而好色者未必尽属多情；红颜者必薄命，而薄命者未必尽属红颜；能诗者必好酒，而好酒者未必尽属能诗。

【原评】

张竹坡曰：情起于色者，则好色也，非情也；祸起于颜色者，则薄命在红颜，否则亦止曰命而已矣！

洪秋士曰：世亦有能诗而不好酒者。

【评析】

多情者富于感情，其好色，实出必然；而其好色，也出于真诚，出于至爱，是赏其美艳的爱美之心。但好色却不都出于真情，好色者未必都属于多情，其好色，是动物的本能冲动，是占有欲作祟，故不同于多情者的好色，显得非常丑陋。红颜薄命，在男尊女卑的社会制度下，几乎是一种必然。作为生儿育女传宗接代的工具，既缺乏自主性与独立性，薄命的悲剧，就难得幸免。但薄命者又何止于红颜？怀才不遇的才人，潦倒穷愁，坎壈人生，志比鸿鹄，却身为下贱，这何尝不是命薄。李白斗酒诗百篇，酒助诗兴，能诗者多好酒；但脑满肠肥的富商、官宦，赳赳武夫，好酒者也多，终日沉湎于觥筹交错，然其满脑的俗念，与诗相去甚远。能诗者多好酒，好酒者未必都能诗，信然。

一三一　梅令人高

梅令人高，兰令人幽，菊令人野，莲令人淡，春海棠令人艳，牡丹令人豪，蕉与竹令人韵，秋海棠令人媚，松令人逸，桐令人清，柳令人感。

【原评】

张竹坡曰：美人令众卉皆香，名士令群芳俱舞。

尤谨庸曰：读之惊才绝艳，堪采入《群芳谱》中。

【评析】

由于现实与理想总存在着相当的距离，人在生活中，就会有不如意不满足的时候。不满于现实，不满于周围的俗世俗人，便将目光转投向所生活的自然，在那里，在异类的花鸟草虫动植物中，根据所需，发现知己同调，于是，异类就拥有了人类所具有的文化的内涵，而约定俗成，某种代表何义，也渐被确定。张潮在这段文字中所说的梅花令人感到高古，兰花让人感到清幽，菊花让人感到疏野，莲花让人感到恬淡，春海棠让人感到绮艳，牡丹让人感到豪气，蕉与竹让人感到风韵，秋海棠让人感到妩媚，松树让人感到放逸，梧桐让人感到清澈，柳让人多生感慨，便都与它们所承载的文化人格内涵密切相关。人作用于物，物亦反作用于人，此也投桃报李一类。

一三二　物之能感人者

物之能感人者，在天莫如月，在乐莫如琴，在动物莫如鹃，在植物莫如柳。

【评析】

古代有清言传统，在我看来，清言者，神侃也，张潮就颇能得其神髓。今人编写“世界之最”，“中国之最”者多多，不知有否将物之感人之最者列入。物中感人之最者，张潮于天上举月，于乐中举琴，于动物中举杜鹃，于植物中举柳，细思之，确有其道理。如月，其阴晴圆缺，给人带来的感受是各不相同的，由圆想到圆满，想到鼎盛，由缺想到独处，想到客居不能与家人团圆等等，骚人墨客们也因此写下了许多关于月的华章，月成为古代文学中一个极为重要的主题。如琴，铮铮之音，抒幽怨、相思、企慕，志或在高山，或在流水。关于琴，也流传着许多脍炙人口的佳话：司马相如琴调卓文君，携其私奔；俞伯牙因钟子期死，失去知音，将琴摔碎，不复弹奏。如杜鹃，由于子鹃啼归的传说，其鸣啭，让客地漂流者伤感思归，让深闺思妇想到别离之苦。如柳，依依枝条让人流连难去，折柳赠别让人感受到亲友的挽留至情，而且睹杨柳依依，也让人想到异地的亲人，盼望着早日团聚。以四物为物中感人之最，堪列于“之最大全”。

一三三　妻子颇足累人

妻、子颇足累人，羡和靖梅妻鹤子；奴、婢亦能供职，喜志和樵婢渔奴❶。

【原评】

尤悔庵曰：梅妻鹤子，樵婢渔童，可称绝对。人生眷属，得此足矣！

【注释】

❶ 樵婢渔奴：颜真卿《浪迹先生玄真子张志和碑》载：张志和丧亲，乃隐居不复为官，自号烟波钓徒。唐肃宗所赐奴婢，张也配其为夫妻，并封其一为渔童，一为樵青。

【评析】

家庭是归宿，是港湾，在家里能够享受到亲情的温暖，能享受到天伦之快乐，但有了家室，也多了份责任，谋生不易，为了家室，就得去做稻粱谋，去尘世中拼命挣扎，去混个出人头地，去做违心的事，讲违心的话，于是便有了林和靖的梅妻鹤子，独处自乐；有了张志和的看破红尘，从不测宦海中急流勇退，离开现实的污泥浊水，走归隐之路。林和靖厌倦家室负累，故以梅为妻，以鹤为子；张志和厌倦官场蝇营狗苟，自己归隐，封奴婢樵青渔童，让他们也以渔樵为志，得隐居的安逸。

一三四　涉猎虽曰无用

涉猎虽曰无用，犹胜于不通古今；清高固然可嘉，莫流于不识时务。

【原评】

黄交三曰：南阳抱膝时，原非清高者可比。

江含徵曰：此是心斋经济语。

张竹坡曰：不合时宜，则可；不达时务，奚其可？

尤悔庵曰：名言！名言！

【评析】

好读书不求甚解，博览群籍而不求专精，于举业，缺乏揣摩，不能熟记四书朱注，自然不能够攀桂折月，中举人取进士；于学问，不精研深求，粗知皮毛或梗概，也难有发明创造。但蜻蜓点水毕竟沾水，多见皮毛，也能够开阔眼界，虽不能在学业上有所建树，却能够知古今演变，明白人生社会的一些问题，且丰富了修养，涵养了精神，已俨然为文化人、文明人，与不读书的粗人，判然有别。这是讲的读书。自尊自爱，洁身自好，不与世浮沉同流合污，是值得嘉许的美德，但如果流于自命清高、自以为是、目中无人，甚或抱残守缺，顽固不化，不能认识到社会的发展，跟上形势的步伐，这便是自绝于时代，不识时务，就难成为俊杰，更不会成社会之精英、时代之弄潮儿。

一三五　所谓美人者

所谓美人者，以花为貌，以鸟为声，以月为神，以柳为态，以玉为骨，以冰雪为肤，以秋水为姿，以诗词为心，吾无间然矣。

【原评】

冒辟疆曰：合古今灵秀之气，庶几铸此一人。

江含徵曰：还要有松蘖之操才好。

黄交三曰：论美人而曰"以诗词为心"，真是闻所未闻！

【评析】

不同的时代在审美上也都存在着审美观念的差异，即以对美人的欣赏，楚王好细腰，说明战国时起码在楚国，以瘦为美；而从唐人画看，唐代则又以丰腴为美。尽管选美的标准有别，但如张潮所说的花为貌、鸟为声、月为神、柳为态、玉为骨、冰雪为肤、诗词为心，仍给人耳目一新的感觉。这不仅表现在他既重形体又重内质，还在于其比喻新鲜，想人所不及：如嘤嘤鸟声，如月神态，如诗词为心，果如黄评："真是闻所未闻。"虽如此，在我的感觉，总觉得在读一篇相马经，这当然是视妇女为玩物时代的产物。

一三六　蝇集人面

蝇集人面，蚊嘬人肤，不知以人为何物！

【原评】

陈康畴曰：应是头陀转世，意中但求布施也。

释菌人曰：不堪道破！

张竹坡曰：此《南华》精髓也。

尤悔庵曰：正以人之血肉只堪供蝇蚊咀嚼耳。以我视之，人也；自蝇蚊视之，何异腥膻臭腐乎！

陆云士曰：集人面者，非蝇而蝇；嘬人肤者，非蚊而蚊。明知其为人也，而集之、嘬之，更不知其以人为何物！

【评析】

苍蝇落在人的脸上，蚊子叮咬着人的皮肤，在它们，不知是将人视为何等样东西。苍蝇逐臭，是真以人为臭皮囊吗？蚊子生于污淖，是以人的皮肤为垃圾场吗？腥膻臭腐之躯，所计较的蝇头微利，些许微名，为之奔竞，为之呕心沥血，为之骨肉相残，为之昧去良知，纵使得到，又与猫头鹰逮着死老鼠，如获至宝，惟恐被人夺去何异？人知笑猫头鹰的愚，岂不知在蚊蝇看来，其争竞也如猫头鹰之获得死老鼠。可悲也夫！

一三七　有山林隐逸之乐而不知享者

有山林隐逸之乐而不知享者，渔樵也，农圃也，缁黄也[1]；有园亭姬妾之乐而不能享、不善享者，富商也，大僚也。

【原评】

弟木山曰：有山珍海错而不能享者，庖人也；有牙签玉轴而不能读者，蠹鱼也，书贾也。

【注释】

❶ 缁黄：僧道的代称。缁，黑色，僧人著缁服。道士戴黄冠。

【评析】

突然想起《我想去桂林》这首歌来：我想去桂林，没钱的时候有时间，有钱的时候却没了时间。人生偏就这样无奈。对于渔夫樵子、僧人道士，身在名山大川，周围就是旖旎无限的美好风光，但或为生活困扰，疲于奔命；或为参禅悟道、了悟人生而苦修

苦证，难得一份清闲，更没有观光赏美的雅兴，故身在美中而不自知。对于达官显贵、富商大贾，拥有园亭美姬，却或为权为名追逐不休殚精竭虑，或为蝇头微利、无尽的财富欲而驰走不歇，园亭美姬形同虚设，一样没有享受的余暇。而有时间有闲暇有足够的资本能够去自在追求美的愉悦，看来真是一种奢侈的消费。

一三八 黎举云

黎举云："欲令梅聘海棠，枨子（想是橙）臣樱桃，以芥嫁笋，但时不同耳！"予谓物各有偶，拟必于伦❶。今之嫁娶，殊觉未当。如梅之为物，品最清高；棠之为物，姿极妖艳。即使同时，亦不可为夫妇。不若梅聘梨花，海棠嫁杏，橼臣佛手，荔枝臣樱桃，秋海棠嫁雁来红，庶几相称耳。至若以芥嫁笋，笋如有知，必受河东狮子之累矣❷。

【原评】

弟木山曰：余尝以芍药为牡丹后，因作贺表一通。兄曾云："但恐芍药未必肯耳！"

石天外曰：花神有知，当以花果数升谢蹇修矣。

姜学在曰：雁来红做新郎，真个是老少年也。

【注释】

❶ 拟必于伦：语出《礼记·曲礼下》："拟人必于其伦。"指比喻与被比者必须相类。❷ 河东狮子：典出《容斋三笔·陈季常》，说陈季常妻柳氏凶悍，东坡有诗嘲之曰："龙邱居士亦可怜，谈空说有夜不眠。忽闻河东狮子吼，拄杖落手心茫然。"柳氏郡望河东，后世遂以河东狮子吼指妇人悍妒。

【评析】

物有其偶，故黎举以梅聘海棠，枨子臣樱桃，芥嫁笋。但在张潮看来，虽物有偶，却拟必于伦，必须般配。如梅之品格清高，棠则姿态妖冶，其配不伦；而梅聘梨花，海棠嫁杏，橼臣佛手，荔枝臣樱桃，秋海棠嫁雁来红，方物以类聚，彼此相称。张潮的这段戏说，有滑稽为文的一面，也不无现实的感慨在内。他对当时社会上金钱之于门第的冲击，必看得多，听得更多，对世家大族的衰微，及其与富商的联姻，愤恚不平。这是士大夫阶层的通病，张潮并没有幸免。

一三九　五色有太过

五色有太过，有不及，惟黑与白无太过。

【原评】

杜茶村曰：君独不闻唐有李太白乎？

江含徵曰：又不闻“玄之又玄”乎？

尤悔庵曰：知此道者，其惟弈乎！老子曰：“知其白，守其黑。”

【评析】

这句话通过颜色的亮艳深浅，太过与不及，指出惟黑白二色执中，也说明了人生处世的一些深远博大的道理。黑白为两种最基本的颜色，五色令人目盲，太亮丽的颜色让人眼花缭乱，感到不适，而黑白二色，却本色朴质。做人也如是。本色乃立世根基，哗众取宠则终为人厌弃。平和客观易为人接受，激烈偏执必招人反感。待人过苛要成独夫，宽严相济必可成事。中庸之大，确不可测其深浅际涯。

一四〇　许氏说文分部

许氏《说文》分部❶，有止有其部，而无所属之字者，下必注云：“凡某之属，皆从某。”赘句殊觉可笑，何不省此一句乎？

【原评】

谭公子曰：此独民县到任告示耳。

王司直曰：此亦古史之遗。

【注释】

❶ 许氏《说文》：即东汉学者许慎所著《说文解字》，这是我国第一部系统分析字形、考辨字源的字书。

【评析】

“凡某之属皆从某”，这在《说文解字》中乃固定体式，每部首字均有，如“一”部“一”下云：“凡一之属皆从一。”而像张潮所说的“有止有其部而无所属之字者，下必注云：凡某之属，皆从某”，《说文》中同样存在，如“才”部独“才”字，注：“凡才之属皆从才。”此等情况，是否赘句，是否殊觉可笑？窃以为不然。首先，作为字书，要有固定的统一的格式体例，否则，此部与他部，便易于相混；其二，文字代有发展演进，今之只字独部，日后便可能不断有新字产生补入，以今之事实反观，即可证明。以其为赘，也可赘也。

一四一　阅水浒传

阅《水浒传》，至鲁达打镇关西、武松打虎，因思人生必有一桩极快意事，方不枉在生一场。即不能有其事，亦须著得一种得意之书，庶几无憾耳！（如李太白有贵妃捧砚事❶，司马相如有文君当垆事❷，严子陵有足加帝腹事❸，王之涣、王昌龄有旗亭画壁事❹，王子安有顺风过江作《滕王阁序》事❺之类。）

【原评】

张竹坡曰：此等事，必须无意中方做得来。

陆云士曰：心斋所著得意之书颇多，不止一打快活林、一打景阳冈称快意矣。

弟木山曰：兄若打中山狼，更极快意。

【注释】

❶ 贵妃捧砚：宋人刘斧《摭言》载李白过华山被逮，供状称"御手调羹，贵妃捧

砚，力士脱靴”。❷ 文君当垆：《史记·司马相如列传》载，卓文君慕司马相如文名，与之私奔，归四川，家徒四壁，于是乃当垆卖酒。❸ 严子陵足加帝腹：《后汉书·逸民传》载，严光字子陵，与汉光武帝刘秀同学，刘秀即帝位，严子陵改名隐居，后招之京师，“因共偃卧，光以足加帝腹上”。❹ 旗亭画壁事：唐人薛用弱《集异记》载，唐开元间，诗人王之涣、高适、王昌龄聚酒亭小饮，旁有歌伎唱曲，三人约定，凡唱及己诗者画壁记之，未久，高适画一，昌龄画二，独之涣无，之涣指尤者曰：若唱非己诗，即输，及唱，果其名诗“黄河远上白云间”。❺ 王子安作滕王阁序：宋人曾慥《类说》载，王勃子安船泊马当，遇老翁告知滕王阁宴会做记事，说他前往应作，必一举成名，老翁为水神，夜来行风助舟，王勃夜行六七百里，天明抵洪州，为阎公所邀作《滕王阁序》，以此名世。

【评析】

《水浒传》中鲁智深的三拳打死镇关西，武松的景阳冈徒手肉搏击毙白额虎，打得淋漓尽致令人称快固然；其为民除害，剪除祸患更是让人称道的原因。这都可谓扬眉吐气又有益社会的快事得意事，有了此等举措，便不妄为人生，不妄来到人世一场。而手无缚鸡之力的文人，做鲁智深、武松般的壮举自不能够，但兴利除弊，造福人类，也非一概要诉诸武力，起码，以生花妙笔，著得意之文，写民生疾苦，为政府建言，或以思想道德，陶冶人的情操，同样为有益社会得意人生之笔，君不见王之涣们听到自己的诗作广为流传时的兴头吗？

一四二　春风如酒

春风如酒，夏风如茗，秋风如烟，如姜芥。

【原评】

许筠庵曰：所以“秋风客”气味狠辣。

张竹坡曰：安得东风夜夜来！

【评析】

春风如酒，指的是其风轻柔、和煦，风中裹挟着解冻泥土与新生花草树木的芬芳，既吹得人痒痒的、暖暖的，嗅着，又觉得肺腑五脏都像淘洗了过滤了，飘飘然，像醉了酒，身子顿觉轻了许多。夏风如茗，在溽暑盛夏，太阳像硕大无比的火炉，烤得大地都要焦了，汗流浃背、苦热难当，气都喘不过来的当儿，几缕风吹来，与吃一杯上好的茶水何异。秋风瑟瑟，吹落了树叶，吹枯了绿草，吹走了葳蕤的生机，大地变得土黄。秋风中，人觉得干燥难当，有烟薰火燎吃了姜芥的感觉，比之如烟如姜芥，也称得上恰切。

一四三　冰裂纹极雅

冰裂纹极雅[1]，然宜细不宜肥。若以之作窗栏，殊不耐观也。（冰裂纹须分大小，先作大冰裂，再于每大块之中作小冰裂，方佳。）

【原评】

江含徵曰：此便是哥窑纹也。

靳熊封曰："一片冰心在玉壶"，可以移赠。

【注释】

❶ 冰裂纹：又称开片，瓷器釉层中的裂纹。

【评析】

这则文字谈瓷器冰裂纹的鉴赏与应用。冰裂纹原本是烧造中的病变，但歪打正着，却有着极美的观感，于是工匠艺人便转而有意用它来作为瓷器的装饰，如此，它便成为瓷器制造上一种重要的文饰特征。张潮认为，冰裂纹宜细不宜肥，在制作上，应先做大冰裂，再于每块大冰裂中制小冰裂，这样才能有上佳的效果。而带冰裂纹的瓷器，用作窗栏，殊不耐观，自是对艺术的糟蹋。这些看法，在我们，可以作为瓷器鉴赏的金针。

一四四　鸟声之最佳者

鸟声之最佳者，画眉第一，黄鹂、百舌次之。然黄鹂、百舌，世未有笼而畜之者。其殆高士之俦，可闻而不可屈者耶。

【原评】

江含徵曰：又有"打起黄莺儿"者，然则亦有时用他不着。

陆云士曰："黄鹂住久浑相识，欲别频啼四五声。"来去有情，正不必笼而畜之也。

【评析】

鸟品有无高下，角度不同，会有不同的判定；而何为第一，何为第二，在不同的欣赏者，也一定会有相当的出入，因此，对张潮的结论，我们不必也没必要说三道四。张潮的本意也并非要给鸟定出高下优劣，其目的，显然是托物喻人，借讲鸟，来说明他对人的看法。鸟声之佳否，纯是形式的外在的，人也如之。黄鹂、百舌，其鸣啭虽不如画眉，但其不受牢笼羁束，保持独立自主，与世之不为统治者利用，不做朝廷王宫达官显贵鹰犬的高隐之士，仿佛都是事实上的第一流品格。这才是张潮所要表达的真正意思。

一四五　不治生产

不治生产，其后必致累人；专务交游，其后必致累己。

【原评】

杨圣藻曰：晨钟夕磬，发人深省。

冒巢民曰：若在我，虽累己、累人，亦所不悔。

宗子发曰：累己犹可，若累人，则不可矣。

江含徵曰：今之人未必肯受你累，还是自家稳些的好。

【评析】

不从事生产创造，在年富力强的时候不抓紧时机努力工作，多积累些财富，一旦年老力衰，不再能够从事劳动，便将完全寄生于他人。而寄生于他人，就失去了自主尊严，听凭别人的摆布，仰人鼻息。在自己，吃人家的嘴软，心虚不塌实；在他人，视其为累赘负担、多余无用的人。所谓“不治生产，其后必致累人”，良有以也。多个朋友多条路，友情能给人带来温暖，让人感受到世界的温馨，但不务正业，终日沉湎在交游，荒废了学业、事业，不能有所建树，不能实实在在为社会做些事情，将有愧人生的意义。而且，无选择，不讲原则的滥交，鱼龙混杂，不可避免所交非人。与小人为友，终将受其坑害或为其牵累。“专务交游，其后必致累己”，也可为人生座右铭言。

一四六　昔人云

昔人云：“妇人识字，多致诲淫。”予谓此非识字之过也。盖识字则非无闻之人，其淫也，人易得而知耳。

【原评】

张竹坡曰：此名士持身，不可不加谨也。

李若金曰：贞者识字愈贞，淫者不识字亦淫。

【评析】

女子无才便是德，在封建社会，由于妇女地位的低下，她们是不能与男子平起平坐的，而读书识字，也成了男人的专利，女子识字，则被认为是诲淫之端，这真是荒谬的奇谈怪论。显然，张潮对这一说法并不认可。在他看来，女子识字者凤毛麟角，自是社会的佼佼者，所谓有名之人。有名之人，人们就格外关注她们的所有，她们的隐私，也分外容易被人捕捉，但其实，淫不分男女，淫也都是极个别极鲜见的，所以，称女子识字多致诲淫，并不能成立。作为封建士夫，张潮能为女子识字辩护，难能可贵，令人敬佩。惟其辩护，仅从名人非名人角度观，不能看清此乃社会制度所致，就不免皮毛之讥。

一四七　善读书者

善读书者，无之而非书：山水亦书也，棋酒亦书也，花月亦书也；善游山水者，无之而非山水：书史亦山水也，诗酒亦山水也，花月亦山水也。

【原评】

陈鹤山曰：此方是真善读书人，善游山水人。

黄交三曰：善于领会者，当作如是观。

江含徵曰：五更卧被，时有无数山水书籍在眼前胸中。

尤悔庵曰：山耶，水耶，书耶，一而二，二而三，三而一者也。

陆云士曰：妙舌如环，真慧业文人之语。

【评析】

人生是部大书，社会是部大书，宇宙自然更是部大书。它们有书本包容不尽的内容，有远比书本丰富复杂得多的内涵。较之书本，它们的内容直观又深邃，生动而精彩。山水自然、饮酒下棋、风花雪月等等，都可作书看，惟读自然人生之书要有明敏的感悟能力，要悉心体察，处处留心皆学问。游山水也如之。善游山水者赏览山水的形式为其次，得山水之精神，参悟出自然人生的大道理及要妙，乃其目的。书史、诗酒、花月，都有这样的内蕴，从中都能感受到山水的精神，故也为山水，故无往而非山水。

一四八　园亭之妙

园亭之妙，在丘壑布置，不在雕绘琐屑。往往见人家园亭，屋脊墙头，雕砖镂瓦，非不穷极工巧，然未久即坏，坏后极难修葺，是何如朴素之为佳乎！

【原评】

江含徵曰：世间最令人神怆者，莫如名园雅墅，一经颓废，风台月榭，埋没荆棘。故昔之贤达，有不欲置别业者。予尝过琴虞，留题名园，句有云："而今绮砌雕栏在，剩与园丁作业钱。"盖伤之也。

弟木山曰：予尝悟作园亭与作光棍二法。园亭之善，在多回廊；光棍之恶，在能结讼。

【评析】

这则文字阐述了张潮自己对园林亭阁的精到见解。园林亭阁修建风气在晚明的勃兴，是人们厌倦了尘世的喧嚣芜杂之后，对回归自然的神往，所以修建园林，不能忘记其本质精神，即模仿自然，让休憩于中的人们感受到自然之趣、自然之无拘无束、自然之天然去雕饰。而随着园林建筑的发展，人们渐渐忘掉了这种本原，而成为攀比摆阔的形式，竞相精雕细琢，豪华高贵，园林艺术的魂魄由此丧失殆尽，这正可谓之买椟还珠。再进一层，过于雕镂，太精则易毁坏，毁坏又难以修复，此园林不成人放松休憩的场所，反成为人的又一负累。

一四九　清宵独坐

清宵独坐，邀月言愁；良夜孤眠，呼蛩语恨。

【原评】

袁士旦曰：令我百端交集。

黄孔植曰：此逆旅无聊之况，心斋亦知之乎！

【评析】

清幽的夜晚独自一人静坐，对一轮孤月倾吐愁绪；美好的夜间孤身独眠，向唧唧的蟋蟀诉说离恨，活生生写出一逆旅孤客形象。晴明的夜，皎洁的月，本应有三五友人，把酒赏月，乐也融融，却独自一人，更衬托出游客的孤寂。孤眠本已落寞孤单，听蟋蟀声声，更加倍感到寂寞。不说愁恨，只说对月言愁、呼蛩语恨，写愁写恨更见力透纸背。

一五〇　官声采于舆论

官声采于舆论，豪右之口与寒乞之口俱不得其真；花案定于成心，艳媚之评与寝陋之评概恐失其实。

【原评】

黄九烟曰：先师有言："不如乡人之善者，好之；其不善者，恶之。"

李若金曰：豪右而不讲分上，寒乞而不望推恩者，亦未尝无公论。

倪永清曰：我谓众人唾骂者，其人必有可观。

【评析】

官的清浊政声，自然要反映在舆论中，对吏员的考察注重舆论，是完全正确的。但舆论也有不尽确切处，如清官，不畏强梁，坚持真理，秉公执法，必然开罪于富豪劣绅，要从他们口中得到对清官的评价，势必极坏。如赃官，与豪绅勾结，官绅一体，欺压良善，但出于豪绅之口，赃官必为最好的清官。所以，采官声，豪右之口不能得其真。而寒乞者，衣不能裹体，食不足以裹腹，人穷志短，盼官恩赐不敢讲真话，而一旦得到些许小惠，希望得更多的实惠，又不愿讲真话，所以，采官声于寒乞之口，也不能得其真。正如判花案，说某妓如何娇柔美艳或何等丑陋不堪，都可能是情人眼里西施，或掂酸吃醋之言，均不足为据。将官与妓并举，以妓说官，可见出张潮对封建官吏的厌恶。

一五一　胸藏丘壑

胸藏丘壑，城市不异山林；兴寄烟霞[1]，阎浮有如蓬岛[2]。

【注释】

❶ 烟霞：云气，指自然。❷ 阎浮：梵语树名，指尘世。蓬岛：蓬莱仙岛，传说中神仙居住的地方。

【评析】

城市与山林，尘世与仙境，本没有太大的区别，关键在于观赏主体的感受。生活在城市，如果能够胸襟开阔，心里坦荡，无拘无束，不压抑自己，热爱生活，满怀愉悦，那就同样可以发现许多胜景、许多福地，城市也就是山林。而如果身在山林，却心浮气躁，寂寞难耐，渴望繁华，恋慕红尘，艳羡尘世的享乐，满肚子功名利禄，虽在山林，也丝毫无法拥有山林之趣。而出世入世，道理亦然。身在尘世，淡泊人生，心明虑净，不沉湎酒色财气，不陷于儿女情长，不慕功名富贵，不因钱财殚精竭虑，虽在尘世，心灵已经超脱，这便与在蓬莱仙岛无异。反之，寄迹仙岛，却六根不净，俗念重重，那又与尘世何别。

一五二　梧桐为植物中清品

梧桐为植物中清品，而形家独忌之[1]，甚且谓“梧桐大如斗，主人往外走”，若竟视为不祥之物也者。夫剪桐封弟[2]，其为宫中之桐可知；而卜世最久者[3]，莫过于周。俗言之不足据，类如此夫！

【原评】

江含徵曰：爱碧梧者，遂艰于白镪。造物盖忌之，故靳之也。有何吉凶、休咎之可关！只是打秋风时，光棍样可厌耳！

尤悔庵曰：“梧桐生矣，于彼朝阳”，《诗》言之矣。

倪永清曰：心斋为梧桐雪千古之奇冤，百卉俱当九顿。

【注释】

❶ 形家：古称看阴阳风水的人。❷ 剪桐封弟：《史记·晋世家》载：周成王与弟叔虞做游戏，剪梧桐树叶为圭，云当以此封之。天子无戏言，后封叔虞于唐。❸ 卜

世:用占卜来预测传世的世数。

【评析】

张潮在这则文字中例说了俗言的不可相信。梧桐为植物中清品,凤凰栖其上,木

可制琴，但阴阳风水先生们却以为忌讳，所谓“梧桐大如斗，主人往外走”，认为梧桐妨主，会让主人死去。这显然是不经之谈。张潮对此就不肯苟同。他举历史上酷信占卜又享国最久的周朝为例，说周成王在宫中能剪桐封弟，宫中植桐可知。宫中植桐却能长久享国，以梧桐为忌，就显然大谬不然。晚明心学提倡破心中贼，抛开其特有的用意，私以为很有其科学性。所有忌讳都有心生，心生魔生，心净无鬼。

一五三　多情者

多情者，不以生死易心；好饮者，不以寒暑改量；喜读书者，不以忙闲作辍。

【原评】

朱其恭曰：此三言者，皆是心斋自为写照。

王司直曰：我愿饮酒、读《离骚》，至死方辍，何如?

【评析】

真多情者情起则一往而深，虽天长地久、海枯石烂不变易，情与生命同在，不会因时间而变，不会因地位而变，也不会因生死而变，此所谓之有情人。好酒者大寒天气能饮，盛夏酷暑也不会改量，酒成为生命的部分，生命在，酒便不可缺少。喜读书者亦然。读书在其已不再是消闲或打磨时光，闲时当然要读，忙时也能忙中抽闲，得片刻功夫即读。读书成为必备的功课，成为每日须进的饭菜。叶公好龙，所好者壁龙，非真好龙，真好龙者不分壁上龙与天上龙，都一视同仁。

一五四　蛛为蝶之敌国

蛛为蝶之敌国，驴为马之附庸。

【原评】

周星远曰：妙论解颐，不数晋人危语、隐语。

黄交三曰：自开辟以来，未闻有此奇论。

【评析】

蝴蝶翩翩起舞，栩栩然花草间，适意自然，素为生活在尘世深受各种负累的人们羡慕。但蝴蝶无知，没有机心，从不设防，又不免遭遇机关，随时有丧生之忧。在大自然中，蜘蛛是蝴蝶最大的天敌。蜘蛛之网，随处而结，蝴蝶一旦触网，则无疑飞蛾投火，葬身难逃。此所谓“蛛为蝶之敌国”。驴与马，虽非一种，却关系至密。驴马杂交能生骡，即见其非比寻常。虽然如此，驴却不如马之更被人喜，也不如马的作用更大，马为主流，驴为非主流，龙马精神为褒，驴头驴脸为贬。称“驴为马之属国”，也堪称妙比。

一五五　立品

立品，须发乎宋人之道学；涉世，须参以晋代之风流。

【原评】

方宝臣曰：真道学，未有不风流者。

张竹坡曰：夫子自道也。

胡静夫曰：予赠金陵前辈赵容庵句云：“文章鼎立庄骚外，杖履风流晋宋间。”今当移赠山老。

倪永清曰：等闲地位，却是个双料圣人。

陆云士曰：有不风流之道学，有风流之道学；有不道学之风流，有道学之风流，毫厘千里。

【评析】

以怎样的面貌怎样的品格生存于世间，才能裕如从容，又不枉人生，千古以来，这一直是人们长谈不衰，又聚讼纷纭的题目。所谓理想人格的探讨，所涉及的就是这样的内容。张潮所言立品当取法宋人道学，处世应参酌魏晋人的名士风度，正可谓合之双美。这的确是神来的构思。道学端庄，持重，言行不苟，正襟危坐，做人要做正人君子，立品取法道学，应该是理想的取向。但水至清则无鱼，道学的古板让人难以接受，用于处世，原则固有，灵便则无，人活得累，过得苦，效果也不一定就很理想。而运以魏晋风流，就更多了点凡人气，烟火气，潇洒倜傥，自然天成。然而，兼美一说终竟是理想的设计，人并非简单的一加一，或一加二，而是一个复杂的整体，所以张潮的理想也终究只能是一种理想。

一五六　古谓禽兽亦知人伦

古谓禽兽亦知人伦。予谓匪独禽兽也，即草木亦复有之。牡丹为王，芍药为相❶，其君臣也；南山之乔，北山之梓❷，其父子也；荆之闻分而枯，闻不分而活❸，其兄弟也；莲之并蒂，其夫妇也；兰之同心❹，其朋友也。

【原评】

江含徵曰:纲常伦理,今日几于扫地,合向花木鸟兽中求之。

又曰:心斋不喜迂腐,此却有腐气。

【注释】

❶ 牡丹为王芍药为相:旧时品花,牡丹花为王,芍药为相。❷ 南山之乔北山之梓:出《尚书大传·梓材》商子语,乔在南山之阳,梓在北山之阴,乔木高而仰,梓木晋而俯,"桥者父道也,梓者子道也"。后以乔梓称父子。❸ 荆之闻分而枯闻不分而活:典出《续齐谐记》,载汉朝田氏兄弟堂前有紫荆树,闻其欲分家而枯死,不分家又复活。❹ 兰之同心:语出《易·系辞》:"二人同心,其利断金;同心之言,其臭如兰。"后以之指同心同德。

【评析】

所谓人伦,其实是维持人种生存所必须具备的一些道德准则,有了准则的约束,彼此的关系才能保证不被破坏,也才有了社会的有序发展。而这些准则,有不断完善的新添设的内容,更大量有着人类作为种的存在原始就具备的东西。人是这样,动物也然,植物也然。这是生物进化的需要,是秩序发展的需要。只是所谓的君臣父子兄弟夫妇,这些名目,乃将人伦关系的移植。从所有的关系,都既表露了物竞天择适者生存的一面,也表现出和谐团结,才能更具实力,更具竞争能力,更有发展前途的道理。这也是事物发展的主流。从这里,我们也更充分地认识到人类社会发展的一些规律。

一五七　豪杰易于圣贤

豪杰易于圣贤,文人多于才子。

【原评】

张竹坡曰:豪杰不能为圣贤,圣贤未有不豪杰。文人才子亦然。

【评析】

有一才一艺,能峥嵘显露,可出人头地,便堪当豪杰之誉。悠悠岁月,一部二十五史,豪杰之数,可谓车载斗量,无法胜计。但圣贤却既要为豪杰,又须道德文章,为当今师范,为后世仰瞻,千古不磨灭,代代为师表。正因为难做,我泱泱文明古国,几千年传统,能被称为圣贤的,也就寥若晨星,屈指可数。文人与才子,也如豪杰与圣贤。能读几卷书,写上几篇文,便都可称作文人,所以,无论往古当今,文人遍处能找。但才子,玲珑剔透,水晶心肠，才情盖世，风华绝代，锦心绣口，其为文，如神来之笔，让人惊叹企羡，却无法学来。文人是才子的基础，故易寻；才子乃文人中精粹，凤毛麟角，故难得。

一五八　牛与马

牛与马，一仕而一隐也；鹿与豕，一仙而一凡也。

【原评】

杜茶村曰：田单之火牛，亦曾效力疆场；至马之隐者，则绝无之矣。若武王归马于华山之阳，所谓“勒令致仕”者也。

张竹坡曰：“莫与儿孙作马牛”，盖为后人审出处语也。

【评析】

牛任劳任怨，沉默少言，无论耕田负重，听凭主人的驱使，要东要西，惟主人马首是瞻，少有自己的主见意愿，故比之官吏。马可耕田，可负重，可奔驰，但其倔烈、飘逸、狂奔、长嘶，更近于不为牢笼的隐逸，故比之隐士。鹿仙风道骨，餐自然之草，饮山泉之水，轻盈体态，寄籍山林，与仙仿佛。猪贪吃好睡，懒惰狼犺，图享受，厌活动，从体态到习性，都与凡人相邻，都显得凡俗平庸。

一五九　古今至文

古今至文，皆血泪所成。

【原评】

吴晴岩曰：山老《清泪痕》一书，细看皆是血泪。

江含徵曰：古今恶文，亦纯是血。

【评析】

至文，即最好的文章。天下最好的文章都是用血泪写成，此言的确不虚。《史记·太史公自序》中说："昔西伯拘羑里，演《周易》；孔子厄陈、蔡，作《春秋》；屈原放逐，著《离骚》；左丘失明，厥有《国语》；孙子膑脚，而论兵法；不韦迁蜀，世传《吕览》；韩非囚秦，《说难》、《孤愤》；《诗》三百篇，大抵圣贤发愤之所作也。"曹雪芹《红楼梦》也是"满纸荒唐言，一把辛酸泪"。惟经历了大苦难，对社会方有了透彻的认识，对人生方有了深刻的领悟，其为文，乃不得不发，不吐不快，字字浸透着血泪，语语出于至诚，非无病呻吟、敷衍应制，人读之，也便容易激起共鸣，引起心灵的震撼。

一六〇　情之一字

情之一字，所以维持世界；才之一字，所以粉饰乾坤。

【原评】

吴雨若曰：世界原从情字生出，有夫妇，然后有父子；有父子，然后有兄弟；有兄弟，然后有朋友；有朋友，然后有君臣。

释中洲曰：情与才缺一不可。

【评析】

冯梦龙《情史序》中说："天地若无情，不生一切物。一切物无情，不能环相生。生生而不灭，由情不灭故。……万物如散钱，一情为线索。散钱就索穿，天涯成眷属。"情乃维系世界万物的纽带，人类有了情，乃有夫妇、父子、母女、亲眷、朋友等关系，于是有了人间的秩序；动物有了情，乃有繁殖生息、绵绵不绝。有情才有世界万物，才有了有序发展。情之维持世界，信然。才乃上天作育，钟灵毓秀，为天地精华。有了才，世界有了亮点，有了灵动，有了勃勃生趣，其发之为文，为发明创造，以及言谈行事，形成合力，带动了社会发展，推进了历史进程。其为精英，亮点，故粉饰乾坤；其影响社会的演进，故又不止是粉饰。

一六一　孔子生于东鲁

孔子生于东鲁。东者，生方，故礼乐文章，其道皆自无而有。释迦生于西方。西者，死地，故受想行识[1]，其教皆自有而无。

【原评】

吴街南曰：佛游东土，佛入生方；人望西天，岂知是寻死地。呜呼，西方之人兮，之死靡他！

殷日戒曰：孔子只勉人生时用功，佛氏只教人死时作主，各自一意。

倪永清曰：盘古生于天心，故其人在不有不无之间。

【注释】

[1] 受想行识：佛教五蕴色、受、想、行、识，“诸所有法，若过去，若未来，若现在，若内若外，若粗若细，若劣若胜，若远若近，如是一切略为一聚，说名色蕴”；“诸所有色”“略为一聚”，谓之受蕴；想、行、识“略为一聚”，分别谓之想蕴、行蕴、识蕴。

【评析】

以孔子与释迦牟尼出生地的不同，以东方者生地，西方者死地，来比较儒家思想与佛家思想的“自无而有”或“自有而无”，可谓别出心裁，新人耳目。儒家知其不可而为之，积极入世；佛家谈空，讲虚无，此无疑义。但东方也有老庄的虚寂及齐万物等生死的齐物论，今日西方社会的进取与高度文明更是客观的存在，所以以日出之地、日落之地来比较其思想差异，实在没有太多的道理。思想家的产生都有其时代社会出身教养以及个人性格等多种因素，将其简单化，便不免出现片面极端。

一六二　有青山方有绿水

有青山方有绿水，水惟借色于山；有美酒便有佳诗，诗亦乞灵于酒。

【原评】

李圣许曰：有青山绿水，乃可酌美酒而咏佳诗。是诗酒又发端于山水也。

【评析】

有山无水，或有水无山，都难免单调；有山有水，山水相间，山光水色，相映生辉。山得水衬，更显苍翠；水借山色，更见澄澈。酒与诗，同样有着极深的因缘。诗中多提到酒，诗人更每每在饮酒中，凭酒力的刺激，发酵着诗兴，孕育出灵感，激情喷薄，笔下生风，写出华星秋月般篇章，所谓李白斗酒诗百篇，正可印证。

一六三　严君平

严君平[1]，以卜讲学者也；孙思邈[2]，以医讲学者也；诸葛武侯，以出师讲学者也。

【原评】

殷日戒曰：心斋殆又以《幽梦影》讲学者耶！

戴田友曰：如此讲学，才可称道学先生。

【注释】

❶ 严君平：汉蜀郡人，名遵，卜蓍为生。❷ 孙思邈：唐代华原人，医学家，著有《千金方》、《千金翼方》。

【评析】

一般所说的讲学，指设帐授徒，师讲徒听，子曰诗云，如此而已。张潮这里的讲学，却有别于是。严君平占卜为业，孙思邈行医治病，诸葛亮带兵打仗，都不同于玄言清谈，而见诸行动与事功。较之清谈，行，其于社会更见有益，而身教，较之侃侃空言，也更能给人以教益。重行而称之为讲学，显然是受明末清初诸大师重践履反浮夸不实思想熏陶而来，其进步性不言而喻。

一六四　人则女美于男

人则女美于男，禽则雄华于雌，兽则牝牡无分者也。

【原评】

杜于皇曰：人亦有男美于女者，此尚非确论。

徐松之曰：此是茶村兴到之言，亦非定论。

【评析】

此也一般而言，不可一概而论。女中有嫫母，奇丑；男中潘安，俊美。兽中狮子、麋鹿，也雄美于雌，并非不分高下。但大体言，无论高级动物的人，还是低级动物的鸟兽，确也存在着资质的不同。因了不同，便有了异性的相吸，有了配偶，又有了结合，繁衍了后代，保持了生物种的衍续。这是生物赖以进化的基础。但美丑云云，是相对存在，如人的美丑，只是人种的观念，在其他物种，并不存在。

一六五　镜不幸而遇嫫母

镜不幸而遇嫫母，砚不幸而遇俗子，剑不幸而遇庸将，皆无可奈何之事。

【原评】

杨圣藻曰：凡不幸者，皆可以此概之。

闵宾连曰：心斋案头无一佳砚，然诗、文绝无一点尘俗气。此又砚之大幸也。

曹冲谷曰：最无可奈何者，佳人定随痴汉。

【评析】

用来照人、助人梳妆打扮的镜子遇到奇丑女子嫫母；供人挥毫泼墨、著书立说的砚台遭遇不识只字的文盲；锋利无比、削铁如泥、能取万人首级、所向披靡的宝剑到了平庸无能的将领手中，都是无可奈何的事情。而有感有知的才人，纵有满腹诗书，盖世学问，王佐之才，不被赏识，也如千里马不遇伯乐，唯空鸣长嘶而已。高才偃蹇，志士落魄，古来多有，所以感士不遇便成了古代文学中一个常咏常新，屡咏不衰的主题。张潮这里明写物，实写人，写其一己不得意的苦恼，也写千古失意文人的牢骚。

一六六　天下无书则已

天下无书则已，有则必当读；无酒则已，有则必当饮；无名山则已，有则必当游；无花月则已，有则必当赏玩；无才子佳人则已，有则必当爱慕怜惜。

【原评】

弟木山曰：谈何容易！即吾家黄山，几能得一到耶？

【评析】

读书、游名山、赏花玩月、爱慕怜惜才子佳人，都可谓赏心乐事，而赏心乐事也何止于数端？生有涯而欲无涯，“以有涯追无涯，不亦殆乎”。其次，读书须有书，买则需要资费，借则要有人肯借或有处借；游名山既所费不赀，也需得其清闲；赏花玩月，爱

慕怜惜才子佳人更是有闲者所为，非一般人能办。从此不难看出张潮辈社会闲人、社会多余人的百无聊赖，无所事事，而生产社会闲人的社会制度的弊端，也暴露无遗。

一六七　秋虫春鸟

秋虫春鸟，尚能调声弄舌，时吐好音；我辈搦管拈毫，岂可甘作鸦鸣牛喘！

【原评】

吴园次曰：牛若不喘，宰相安肯问之？

张竹坡曰：宰相不问科律，而问牛喘，真是文章司命！

倪永清曰：世皆以鸦鸣牛喘为凤歌鸾唱，奈何！

【评析】

秋虫春鸟，尚且能够调声弄舌，发出动听的鸣啭，作为文人，玩笔杆者，能鸦鸣牛喘，为社会制造噪音吗？这里，张潮提出了一个十分严肃也极有现实针对性的命题：即作家应该具有强烈的社会责任感与历史使命感，应该慎重对待自己手中的那枝笔，诬陷诽谤辱骂恐吓要不得，渲染暴力恐怖欣赏玩味色情淫烂同样为大忌，即使文字游戏无病呻吟也浪费笔墨，误人误己。文章合为事时而著，为反映民瘼而著，为净化美化人类心灵而著，如此，方无愧于作家的称号，方对得起自己的良心。

一六八　媸颜陋质

媸颜陋质，不与镜为仇者，亦以镜为无知之死物耳。使镜而有知，必遭扑破矣。

【原评】

江含徵曰：镜而有知，遇若辈早已回避矣。

张竹坡曰：镜而有知，必当化媸为妍。

【评析】

镜子无知，不会隐恶扬善，只能客观反映，是即是，非即非，美即美，丑即丑。虽如此，丑陋者不会因镜子显示其丑陋而仇视镜子，他知道镜子反映的是客观存在，不是有意出其丑。这启示了我们，对人，如能客观，公心，虽揭人短，显得无情，人也终会理解；对己，人指出不足或缺点，只要人家出于公心，无恶意，再尖锐，都应该虚心接受。

一六九　吾家公艺

吾家公艺❶，恃百忍以同居，千古传为美谈。殊不知忍而至于百，则其家庭乖戾睽隔之处❷，正未易更仆数也。

【原评】

江含徵曰：然除了一忍，更无别法。

顾天石曰：心斋此论，先得我心。忍以治家可耳；奈何进之高宗，使忍以养成武氏之祸哉！

倪永清曰：若用“忍”字，则百犹嫌少。否则以“剑”字处之，足矣。或曰“出家”二字，足以处之。

王安节曰：惟其乖戾睽隔，是以要忍。

【注释】

❶ 公艺：姓张，唐代郓州寿张人，《旧唐书》有传。❷ 乖戾睽隔：抵触隔阂，不一致。

【评析】

唐人张公艺家九世同居，在当时传为美谈。一次，唐高宗去祭泰山，途经郓州，见公艺，问他九世聚居不分家的秘密，公艺讨纸笔，连书百余“忍”字。忍者，刀在心上，何其不易，何等痛苦。偶尔之忍，尚可承受，数年，十数年，数十年，怎一个忍字了得。其结果，要么制造虚伪，要么在压抑中崩溃。而一忍再忍至于百忍，大家族内部的矛盾冲突，勾心斗角，明争暗斗，争风吃醋，所谓“乖戾睽隔”，不知几何！既然不和，又何必强扭一起，这正暴露了封建伦常的虚伪及弊端。

一七〇　九世同居

九世同居，诚为盛事。然止当与割股❶、庐墓❷者作一例看。可以为难矣，不可以为法也，以其非中庸之道也。

【原评】

洪去芜曰：古人原有“父子异宫”之说。

沈契掌曰：必居天下之广居而后可。

【注释】

❶ 割股：割腿上之肉，古人有割股煨汤为父母疗疾者，称此为孝道。❷ 庐墓：在墓旁筑草庐而居，为父母守丧。

【评析】

张潮在这则文字中对张公艺九世同居这古人传为盛事美谈的事情明白地发表了自己的意见：称其与割股庐墓一例，虽然难得，不可以为效法。理论根据便是它与中庸之道有悖。在我们看来，多世同居，虚伪而不合情理，以扼杀人性为代价，纵获美名，毫不值得。在今天，它的滑稽可笑，也显而易见，既不必效法，也没有了效法的基础。张潮以不合中庸为批判的武器，似乎迂腐，却正是以子之矛攻子之盾，以儒家始祖的思想，批判儒家伦常的不近情理，力有千钧，锐利无比。

一七一　作文之法

作文之法，意之曲折者，宜写之以显浅之词；理之显浅者，宜运之以曲折之笔。题之熟者，参之以新奇之想；题之庸者，深之以关系之论。至于窘者舒之使长，缛者删之使简，俚者文之使雅，闹者摄之使静，皆所谓裁制也。

【原评】

陈康畴曰：深得作文三昧语。

张竹坡曰：所谓节制之师。

王丹麓曰：文家秘旨，和盘托出，有功作者不浅。

【评析】

文无定法但不等于无法，创作甘苦经过总结，可以为经验，可以作借鉴。正因为此，从古到今，文章学著作层出不穷，累代不衰。张潮这段文字，既是他写作经验的总结，也堪称一篇创作方法论。

“意之曲折者，宜写之以显浅之词”，谓内容隐晦深奥、抽象朦胧者，应当浅出，用通俗浅显的形式，讲得明白具体，让人易懂。“理之显浅者，宜运之以曲折之笔”，谓道理浅显、明白易解者，应当正反左右，层层深入，将表面上人人皆知的道理讲得深细透彻，挖出深层次的内涵。“题之熟者，参之以新奇之想”，谓人们常见常写的题目，要另辟蹊径，别出心裁，以新的论证思路，新的构思，从而才能推陈出新。“题之庸者，深之以关系之论”，谓烂俗一般的题目，应当努力发掘事物间的关系，找出其本质，加强认识的穿透力，从而变腐朽为神奇。“窘者舒之使长”、“缛者删之使简”、“俚者文之使雅”、“闹者摄之使静”，分别讲述了纠正文章促迫、繁缛、粗陋、热闹等弊端的具体办法，即展开论述，使其迂徐从容；删削繁文缛节，使其精简明晰；修饰润色，斟酌辞藻，加强形式之美；控制节奏，动静结合，得中和之要。

这些总结，都是文章写作的具体手段，金针度人，张潮的用意值得赞许。

一七二　笋为蔬中尤物

笋为蔬中尤物，荔枝为果中尤物，蟹为水中尤物，酒为饮食中尤物，月为天文中尤物，西湖为山水中尤物，词曲为文字中尤物。

【原评】

张南村曰：《幽梦影》可为书中尤物。

陈鹤山曰：此一则又为《幽梦影》中尤物。

【评析】

尤物者，在人谓之佳人，在物谓之佳物。竹笋的脆甘爽口，味道鲜美，为蔬菜中名贵品种，可称为蔬中尤物。荔枝果肉色如脂，甘美多汁，苏轼云："日啖荔枝三百颗，不辞长作岭南人。"古来就深得人们青睐，可称之果中尤物。螃蟹肉嫩鲜美，今人更深知其价值，价格不菲，为水族中尤物，亦可无愧。酒为粮食的精华，能舒筋活血、助人文思，为饮食中尤物，也理所当然。月之皎洁、朦胧，可给人带来光明，可供人赏玩，为天文中尤物，的无疑问。"若把西湖比西子，淡妆浓抹总相宜。"西湖的湖光山色，陶醉了多少的文人骚客，称为山水中尤物，也不为过。词曲迂曲舒缓，可吟可唱，抒情写景，都能摹写尽致，视之文中美人，也可谓恰切。

一七三　买得一本好花

买得一本好花，犹且爱护而怜惜之，矧其为解语花乎[1]！

【原评】

周星远曰：性至之语，自是君身有仙骨，世人那得知其故耶！

石天外曰：此一副心，令我念佛数声。

李若金曰：花能解语，而落于粗恶武夫，或遭狮吼戕贼，虽欲爱护，何可得？

王司直曰：此言是恻隐之心，即是是非之心。

【注释】

❶ 解语花：典出《开元天宝遗事》，载玄宗与贵戚共赏白莲，都赞莲美，玄宗指杨贵妃说：能比上我的解语花吗？后以解语花为美人的代称。

【评析】

爱花赏花，无代无之，而晚明文人的爱花，却较之前代更多了些特殊的含义，这便是生命意识的贯注融入，视花为知己，故其爱，也尤见深挚强烈，以至爱花成痴成癖。花即美人，在张潮看来，美人解语，较花更加值得人爱。人们既然爱花成痴，解语花能体贴温存，通情达意，难道不应该将爱花的一担情怀都移给美人，对她们爱护怜惜有加吗？

一七四　观手中便面

观手中便面[1]，足以知其人之雅俗，足以识其人之交游。

【原评】

李圣许曰：今人以笔资丐名人书画，名人何尝与之交游！吾知其手中便面虽雅，而其人则俗甚也。心斋此条，犹非定论。

毕嵎谷曰：人苟肯以笔资丐名人书画，则其人犹有雅道存焉，世固有并不爱此道者。

钱目天曰：二说皆然。

【注释】

❶ 便面：用来遮面的扇状物，后也称折扇、

团扇。

【评析】

作为装饰摆设,便面的选择,也同服饰、发型等等。不同的服饰发型,很可以看出一个人的性格修养爱好品位。富人与穷人,世家大族与暴发户,文人与武夫,闺媛与妓女,因经济实力、文化修养、职业身份等的区别,其对质料、色泽、形式的取舍,往往截然有别。所以由手中便面,很能够看出一个人的是雅是俗。所谓由便面可知其交游,一是物以类聚人以群分,由其为人能判定其交游范围;二是讲究者便面多亲自请人题写,便面题字本身就亮出了用者的具体交游。以物观人,不失为识人的一种门径。

一七五　水为至污之所会归

水为至污之所会归,火为至污之所不到。若变不洁为至洁,则水火皆然。

【原评】

江含徵曰:世间之物,宜投诸水火者不少,盖喜其变也。

【评析】

水火不容。水往低处流,火往高处走。水能容至污的东西,水集处,蚊蝇聚集,霉菌生发,水流过,泥沙俱下,垃圾同在。火乃至洁,一把火烧过,一片干净。水又能熄火,水火不共戴天。但即如水火,却也有共同的归趋,那便是无论火烧,还是水洗,都能变不洁为洁,变污秽为干净。这启示我们,任何敌对,也有统一的一面,求同存异,实为法宝;任其辉煌卑贱,有生有死,终归大化,没有丝毫差异,如此,得意失意,善待人生都是最最重要而不可忘却的。

一七六　貌有丑而可观者

貌有丑而可观者,有虽不丑而不足观者;文有不通而可爱者,有虽通而极可厌者。此未易与浅人道也。

【原评】

陈康畴曰:相马于牝牡骊黄之外者,得之矣。

李若金曰:究竟可观者,必有奇怪处;可爱者,必无大不通。

梅雪坪曰:虽通而可厌,便可谓之不通。

【评析】

作为高级动物，人除了自然生理等外表的东西，更有内在的精神文化的内涵，二者比较，后者往往更具有分量。所谓貌丑而可观，即指精神气质性格心灵的美所产生的别一种魅力。而貌不丑却不足观，即谓缺乏气质，如行尸走肉；或心灵丑陋，令人生畏。文章也如之。有的虽语言有欠顺畅，行文不免疙瘩，但有真感情、真见地，内容丰富实在，读起来仍让人能感动有收获。而有的文章，写得花团锦簇，妙笔生花，技法娴熟，但内容空虚，矫揉造作，无病呻吟，少真情，缺性灵，纯系文字游戏，读之，仍难免让人作呕，所谓虽通而极可厌。道理如此，并不难懂，但又非所有人都能明白，正是不可与浅人道也。

一七七　游玩山水

游玩山水，亦复有缘。苟机缘未至，则虽近在数十里之内，亦无暇到也。

【原评】

张南村曰：予晤心斋时，询其曾游黄山否。心斋对以"未游"，当是机缘未至耳。

陆云士曰：余慕心斋者十年。今戊寅之冬，始得一面。身到黄山恨其晚，而正未晚也。

【评析】

佛教讲因缘、缘分。因缘即条件或起因。因缘聚则生，因缘散则灭。因缘无时不有，也无处不在。如男女结成夫妇，是因缘；为人父母、子女、兄妹姐弟、朋友，乃至相处共事，都是因缘。社会也基于各种因缘而生。不独人与人，人与物，如游某山，观某水，览某名胜，成行既观，便也是因缘。因缘固在，但因缘是必然，世上偶然的事情也复不少，过分强调因缘，便陷入神秘主义的泥淖。以游山观景论，的确存在这样的情况，近在咫尺，却数十年没能去玩，而迢迢千万里以外的胜迹，甚至会多次往观，是否因缘的关系，读者自可思之。

一七八　贫而无谄

贫而无谄，富而无骄，古人之所贤也；贫而无骄，富而无谄，今人之所少也。足以知世风之降矣。

【原评】

许耒庵曰：战国时已有“贫贱骄人”之说矣。

张竹坡曰：有一人一时而对此谄、对彼骄者，更难！

【评析】

人穷志短，贫贱苦寒的人为维持生计，为讨杯残羹冷炙糊饱肚子，阿谀谄媚，也不难理解，事实上也为多数行乞者践行，这无可厚非。但人穷志不短，保有骨气，不丧失独立人格，如朱自清饿死不吃美国救济粮，有此铮铮铁骨，则寥若晨星，堪称真正的民族脊梁，是大圣大贤，令人钦敬。富者拥有财富，巨富者甚至富可敌国，如历史上陶朱猗顿者流。富有当然是让人艳羡的事情。但富有来源于经营创造，如果忘却本色，以拥有财富作为骄人傲人的资本，那说明他器小易盈，终难成就大的气候。而富有仍不忘创业的本色，仍能兢兢业业，不满足现有的成绩，不骄傲自得，沾沾自喜，必将重铸辉煌，取得更大的成功。而这种人，也被人尊敬，可称为贤者。贫困的出现有多种因素，但贫困终究不是好事。而在古代，偏就有这样的事情，虽然贫困，却以颜回的“一箪食，一瓢羹，回也不改其乐”自比，以君子固穷作为标榜自己是君子的幌子，似乎贫穷就等于君子，富有者便是小人。而富有者，拥有的仅是物质意义上的财富，精神上却如同乞儿，巴结权贵，阿谀官长，在穷人面前趾高气扬，见了官僚，只剩下卑躬屈膝。这两种人，都一样是贫汉。能贫而无骄，富而无谄，在张潮的时代，便已经很少了。张潮认为是世风日下的缘故。其实，无论穷通贱贵，能有颗平常心，有健全的人格，不扭曲灵魂，这才是最关键也最重要的东西。

一七九　昔人欲以十年读书

昔人欲以十年读书、十年游山、十年检藏。予谓检藏尽可不必十年，只二三载足矣。若读书与游山，虽或相倍蓰，恐亦不足以偿所愿也。必也，如黄九烟前辈之所云，人生必三百年而后可乎？

【原评】

江含徵曰：昔贤原谓尽则安能，但身到处，莫放过耳。

孙松坪曰：吾乡李长蘅先生爱湖上诸山，有“每个峰头住一年”之句。然则黄九烟先生所云，犹恨其少。

张竹坡曰：今日想来，彭祖反不如马迁。

【评析】

人生是短暂的也是有限的，而如何过好人生，使这短暂的生命更具有意义，更生动多彩，不妄人生一度，对每一个人，都是应该也值得认真思考的问题。在张潮以前，有人提出如果能自主安排，便以十年读书，十年游山，十年检藏。张潮不同意这种安排，他以为检藏二三年足矣，而读书与游山，再多几个十年也还觉得不够。读万卷书，行万里路，读书与旅行的相互激发增益，显然是重要的，对人知识见解的长进，也是必须的，但人生没有三百年，一辈子要做的事很多，能有闲多读书，能有缘多出游，已算有福了。

一八〇　宁为小人之所骂

宁为小人之所骂，毋为君子之所鄙；宁为盲主司之所摈弃，毋为诸名宿之所不知。

【原评】

陈康畴曰：世之人自今以后，慎毋骂心斋也。

江含徵曰：不独骂也，即打亦无妨，但恐鸡肋不足以安尊拳耳！

张竹坡曰：后二句足少平吾恨。

李若金曰：不为小人所骂，便是乡愿；若为君子所鄙，断非佳士。

【评析】

虽然说凡是敌人反对的就是我们赞成的这句口号稍嫌绝对，但在本质性问题上，敌我之间，是冰炭难容的。就做人来讲，虽不说人人能做圣贤，但可以说愿做小人者为数寥寥。小人利己损人，落井下石，欺凌弱小，两面三刀，谄谀溜须，昧却天良，被小人所骂，或许正说明你没与他同流合污。君子道高德隆，举止方正，品行端方，有仁有义，胸怀坦荡，大度宽容，宽于人而严于己，如果为君子鄙薄，则说明所作所为已超出一般性错误，而是为人不齿，道德沦丧。所以，被小人所骂不必介怀，而被君子所鄙，却切记不可发生。做人要讲人品，做文也需讲文品。文章能否中主考官之意，也就是说能否中举取进士进而为官为宦，这并不重要，因为试官水平的低劣，有眼无珠，已为社会共知，纵不被其所取，也丝毫不影响令名；但文坛名宿却不能不让他们知道了解，他们识文，能为指点迷津，他们享誉文坛，有他们揄扬，也能使你真正在文坛占取一席之地。

一八一　傲骨不可无

傲骨不可无，傲心不可有。无傲骨则近于鄙夫，有傲心不得为君子。

【原评】

吴街南曰：立君子之侧，骨亦不可傲；当鄙夫之前，心亦不可不傲。

石天外曰：道学之言，才人之笔。

庞笔奴曰：现身说法，真实妙谛。

【评析】

人不能没有傲骨，少了傲骨，人便没有了独立的人格，便不免猥琐窝囊，便不可能做到富贵不能淫、威武不能屈，而松柏样的品格操守，也将与你绝缘。但傲心却不能有。有了傲心，妄自尊大，自鸣得意，刚愎自用，目空一切，便既孤立了自己，也终将因为没有人缘，缺少群众基础，到处碰壁，一事无成，从而毁灭了自己。这节文字可以作为为人修养的座右铭言。

一八二　蝉为虫中之夷齐

蝉为虫中之夷、齐[1]，蜂为虫中之管、晏[2]。

【原评】

崔青峙曰：心斋可谓虫之董狐。

吴镜秋曰：蚊是虫中酷吏，蝇是虫中游客。

【注释】

❶ 夷齐：伯夷、叔齐的省称，商末孤竹君子。孤竹君立叔齐为太子，孤竹君死，叔齐让位于伯夷，伯夷不受，二人共同投周。武王伐纣，二人谏诅。商亡，遂逃进首阳山，不食周粟而死。❷ 管晏：管仲、晏婴的省称。管仲名夷吾，字仲，春秋时期颍上人，齐桓公时为卿，佐治齐国，富国强兵，成当时第一霸主。晏婴字平仲，春秋时期齐国大夫，历仕灵公、庄公、景公三世，著名贤相。

【评析】

伯夷、叔齐怕为君受到束缚，不得自由清闲，相互退让，都不肯为君，乃相携亡逸，避地而去；当宗主国将有覆亡之虞，又力图维护，既亡，乃隐居深山，采薇糊口，拒食周粟，终于饥饿而死。留得清白在人间，令名著之丹青，美誉盛传后世。虫中之蝉，隐身树上枝叶间，吸风饮露，不沾秽污，自洁其身，虽存世不久，也终不改其本色，称其虫中之隐，比之伯夷叔齐，倒也仿佛。管仲、晏婴为相，奋发图治，富民强国，苦志经营，殚精竭虑，席不暇暖，睡不安眠，如蜜蜂采蜜，辛勤劳作，四处奔忙，不稍歇息，鞠躬尽瘁而后已，比管仲、晏婴为蜜蜂，比蜜蜂为管仲、晏婴，都可称允当妥帖。

一八三　曰痴曰愚

曰痴、曰愚、曰拙、曰狂，皆非好字面，而人每乐居之；曰奸、曰黠、曰强、曰佞，反是，而人每不乐居之，何也？

【原评】

江含徵曰：有其名者无其实，有其实者避其名。

【评析】

痴、愚、拙、狂与笨与呆相连，都不是好的字眼，但人们乐以自居；而奸、黠、强、佞显示出胜人一筹在人之上，是好的字面，人们却都不愿自居，原因何在呢？我以为当从三方面解释：其一，语言在不断发展，不仅语汇增加，词的义项丰富扩大或缩小转移，词性也会随之发生变化，原来的褒义可能变为中义或贬义，如此，过去的好坏字面，现在也许恰恰相反。其二，明代中晚期，伴随着资本主义萌芽的发生，新人文思潮崛起，对程朱理学的虚伪及抹杀人性，展开了猛烈抨击，人们呼唤本真，痴、愚、拙、狂的原始自然、本色天性，便理所当然成了歌颂的内容。其三，晚明提倡归朴返真，回归自然，重新认同老庄，弃圣绝智，排击奸、黠、强、佞，肯定痴、愚、拙、狂，便成为必然。

一八四 唐虞之际

唐、虞之际❶，音乐可感鸟兽❷。此盖唐、虞之鸟兽，故可感耳。若后世之鸟兽，恐未必然。

【原评】

洪去芜曰：然则鸟兽亦随世道为升降耶？

陈康畴曰：后世之鸟兽，应是后世之人所化身，即不无升降，正未可知。

石天外曰：鸟兽自是可感，但无唐、虞音乐耳。

毕右万曰：后世之鸟兽，与唐、虞无异，但后世之人迥不同耳！

【注释】

❶ 唐虞：唐尧、虞舜的省称，古史称其揖让有天下，为理想的太平盛世。❷ 音乐可感鸟兽：典出《尚书·益稷》："箫韶九成，凤凰来仪。"

【评析】

唐尧虞舜的时代，是历史传说上的最清明的时代，张潮这里感叹的其音乐能感鸟兽，是古之鸟兽，非后世的鸟兽，其实也只是想说明他对远古时代淳朴世风的神往及对当时世风日下险恶的批判。鸟兽的通乐，古今皆然，没有区别。而古之乐能感鸟兽，在于当时人为破坏少，人与鸟兽和谐共处，相互友善；而后世的自然开发，竭泽而渔，肆意捕杀，不讲生态平衡，人成为鸟兽的天敌，鸟兽虽能通乐，避人类惟恐不及，自然不会再自投罗网，去亲近它们的敌人。历史的教训值得记取，今天我们已认识到生态平衡的重要，只要我们持之以恒地做下去，与鸟兽共享音乐的时代，终将到来。

一八五 痛可忍

痛可忍，而痒不可忍；苦可耐，而酸不可耐。

【原评】

陈康畴曰：余见酸子偏不耐苦。

张竹坡曰：是痛、痒关心语。

余香祖曰：痒不可忍，须倩麻姑搔背。

释牧堂曰：若知痛痒、辨苦酸，便是居士悟处。

【评析】

上句谈生理心理上的承受，下句谈口舌对饮食的感受。痛可忍，意志坚强者如关云长，刮骨疗毒不可谓不疼，但咬咬牙也挺了过去。而如果身上奇痒，即使如唐僧的定力，如非孙悟空及时帮他去痒，也差点从高入云霄的台上摔下。苦可耐，苦药利于病，再苦的药人都能吃下；橄榄虽苦，吃多转甜。但酸醋、酸梅，偶食少食可，多食让人倒牙。在生活中，也复如是。铮铮硬汉经不住糖衣炮弹，经不住长久的阿谀奉承、溜须拍马，抓到了痒处，纵你奸似鬼，也吃老娘的洗脚水。而惯能吃苦耐劳，可以承受各种艰苦，能经得起诸多考验，各种非难，对酸不可耐的酸子，却能让你徒唤奈何，狠也不是，怜也不是，简直不知如何是好。这则文字明说生理心理口舌之感，实说人生社会感慨。

一八六　镜中之影

镜中之影，著色人物也；月下之影，写意人物也❶。镜中之影，钩边画也❷；月下之影，没骨画也❸。月中山河之影，天文中地理也；水中星月之象，地理中天文也。

【原评】

恽叔子曰：绘空镂影之笔。

石天外曰：此种著色写意，能令古今善画人一齐搁笔。

沈契掌曰：好影子俱被心斋先生画著。

【注释】

❶ 写意：传统画法的一种，重神轻形。❷ 钩边画：传统画法的一种，以擅用线条钩画物象轮廓得名。❸ 没骨画：传统花鸟画法的一种，类似今天的水彩画。

【评析】

镜子照人，纯客观的再现，将人原汁原味毫不走样的状貌、色泽，呈现于镜中，如画像，却是著色之像，是彩照，但非黑白照。月下的所有，没有白昼的明晰与纤毫毕露，是朦胧模糊的、隐约闪烁的，能见其各自的神魂，却无法观察其细微，正如写意的人物画。镜子中显现出的人影，棱角分明，线条清楚，通常不易察觉的细小皱纹，也能照见，如工笔的钩边画。月下的影子，如布彩肖物大笔染就的没骨画，虽神采毕现，却缺乏工笔的精致细微。月亮中映现出的山河，在地球上的人类看来，自然是天文中的地理。而天体上的星月倒影在地球上的水中，恍兮惚兮，又宛如地理中包含进了天文。通篇或影或像，影也像，像也影，真真幻幻，虚虚实实，剔透玲珑，真影子文章，幽幽梦影也。

一八七　能读无字之书

能读无字之书，方可得惊人妙句；能会难通之解，方可参最上禅机。

【原评】

黄交三曰：山老之学，从悟而入，故常有彻天彻地之言。

【评析】

书本上的东西是别人的经验，是别人的体悟，是间接的而非直接的。读书能增加学问，长进见识，这无可怀疑。但读书只能知道人家已经知道的，而不能知道别人未知的。读书只能亦步亦趋地模仿，而无法从事崭新的创造。要得惊人妙句，便必须用自己的眼睛去观察，用自己的脑子去思考，所谓读无字书，从社会人生这部大书中去体悟出人所未识的内容。宇宙人生的要义在不可言说无从言说中。阅读经籍也同。道可道，非常道。一般人能讲到的，只能是浅显一般的道理，是小智慧，要参得无上妙理，需要大智慧，需要有破译常人不能破译大道的睿智。其实，做所有的事情都一样，非独立思考，切身体察，便无法更上一层，去领略人所不曾领略、人所未尝体验的全新的感受，自然也不可能进入一个前所未有的境界。

一八八　若无诗酒

若无诗酒，则山水为具文；若无佳丽，则花月皆虚设。

【评析】

山水、花月为形式，诗酒佳丽为内容；山水、花月为躯壳，诗酒佳丽为灵魂。山水之于人的意义，在于它蕴涵着人文精神，人们从山水中，能领悟出社会人生的某种至理；而山水胜迹，让人适情，给人灵感启示，使人写出精美的诗文，使人饮酒能进入化境，正是诗酒乃目的，山水为手段，有了后者，前者的意义倍增，更多了亮色。状人之美，多用花容月貌，花月之中，早融进了美人的意蕴，花即美人，人们赏花，正因为赋予了花社会的内涵与美人的神韵，如果没有佳丽，花也没有了灵魂，没了灵魂，便必然成为虚设。

一八九　才子而美姿容

才子而美姿容，佳人而工著作，断不能永年者。匪独为造物之所忌，盖此种原不独为一时之宝，乃古今万世之宝，故不欲久留人世，以取亵耳！

【原评】

郑破水曰：千古伤心，同声一哭。

王司直曰：千古伤心者，读此可以不哭矣！

【评析】

才情美貌兼备，才子貌美或美人多才，当然可谓之圆满，也可称为一种极致，但现实中，合之双美的毕竟有限，为数寥寥。这其实并不难理解。天生丽质或粉雕玉琢，人见人爱，周围是喝彩声，家庭里捧为明珠，怜惜爱护有加，便不肯去吃苦读书。不学自不会有八斗之才。而貌丑者反是。貌丑往往成为苦读的条件甚或动力，其结果，涵泳百家，熟读经史，满腹经纶，出口成章，笔下生花，就有了所谓的才子。张潮自然不是不理解这些，其命意，也非渲染宿命，不过借此为由头，寄寓其社会针砭而已。社会污浊、世风败坏、人心险恶、世情叵测，这样的环境，当然不配也不适宜古今万世之宝存在，置身泥淖，不免被污秽所染，莲出污而不染，虽显其不凡品质，但浊臭熏人的生存环境，对莲是不公，对美也终竟是亵渎。

一九〇　陈平封曲逆侯

陈平封曲逆侯❶，《史》、《汉》注皆云“音去遇”。予谓此是北人土音耳。若南人四音俱全，似仍当读作本音为是。（北人于唱曲之曲，亦读如去字。）

【原评】

孙松坪曰：曲逆，今定县也。众水潆洄，势曲而流逆。予尝为土人订之，心斋重发吾覆矣。

【注释】

❶ 陈平：汉初阳武人，随刘邦建国有功，封曲逆侯，惠帝、吕后、文帝三朝为相。曲逆，古县名，因曲逆水得名，即定县。

【评析】

这则文字从声韵学角度，就《史记》、《汉书》注“曲逆”作“去遇”进行了商兑。张潮认为读“去遇”，是由于北方没有入声，方音读法而已。因没有入声，所以遇入声字“曲”，就只能用音近的“去”代之。如果是有入声的南方人读，读其本音入声即可，没必要勉强替代。从古音讲究四声言，张潮的这番话未尝没有道理，但从普及官话来讲，便不值得肯定了。

一九一　古人四声俱备

古人四声俱备，如“六”、“国”二字皆入声也。今梨园演苏秦剧，必读“六”为“溜”，读“国”为“鬼”，从无读入声者。然考之《诗经》，如“良马六之”、“无衣六兮”之类，皆不与去声叶，而叶祝告燠；“国”字皆不与上声叶，而叶入陌质韵。则是古人似亦有入声，未必尽读“六”为“溜”，读“国”为“鬼”也。

【原评】

弟木山曰：梨园演苏秦，原不尽读“六国”为“溜鬼”，大抵以曲调为别。若曲是南调，则仍读入声也。

【评析】

这是一段论述入声的文字。张潮认为《诗经》时代，已经四声俱备，如《诗经》中“良马六之”、“无衣六兮”，“六”字叶入声韵祝告燠，“国”字叶入声韵陌质，即是。既然如此，目今戏班演《苏秦相六国》，其读“六”为“溜”，读“国”为“鬼”，叶去声、上声而不叶入声，则显然不妥。但所有戏班都这样，以讹传讹，大有谬误成真理之势，所以张潮觉得有必要为之订正。

一九二　闲人之砚

闲人之砚，固欲其佳；而忙人之砚，尤不可不佳。娱情之妾，固欲其美；而广嗣之妾，亦不可不美。

【原评】

江含徵曰：砚美下墨可也，妾美招妒奈何？

张竹坡曰：妒在妾，不在美。

【评析】

旧称纸墨笔砚为文房四宝，其中笔墨纸用起来快，随时更换，惟砚台经久耐用，长用不废。也因此特点，砚台在适用的功能以外，另有着审美装饰的一层意义。所谓“闲人之砚，固欲其佳”，即是说，清闲散淡的人，有时间，有闲情雅致，书台上摆一方上等佳砚，把玩摩挲，可以消磨时光，可以经常在欣赏观玩中陶醉，实在是极惬意极合算的事情。所谓“忙人之砚，尤不可不佳”，意谓忙于工作或事务的人，时间金贵，难得清闲，既忙，又累，有一方佳砚置诸案台，忙里偷闲，把玩片刻，或在起草批阅文牍中，瞟上一眼，都是一种愉悦，一种休闲，一种精神上的享受。

旧时一夫多妻，在正室妻子外，又有三房四妾，所谓“娱情之妾，固欲其美”，就是说，正妻以外的供愉悦闲情解闷释怀的小妾，要其美丽漂亮，不然不足以娱情。封建社会无后为大，为最不孝，因此，有为生子而纳妾的，张潮认为，虽广嗣之妾，生子的工具，也不可不美，嫫母使人兴致顿灭，又谈何广嗣。一夫多妻，以女人为生儿育女或泄欲工具的不平等时代早成了历史陈迹，受到唾弃，所以张潮的这番谬论也可以休矣。

一九三　如何是独乐乐

如何是独乐乐，曰鼓琴；如何是与人乐乐，曰弈棋；如何是与众乐乐，曰马吊。

【原评】

蔡铉升曰：独乐乐，与人乐乐，孰乐？曰不若与人。与少乐乐，与众乐乐，孰乐？曰不若与少。

王丹麓曰：我与蔡君异。独畏人为鬼阵，见则必乱其局而后已。

【评析】

孟子问齐王曰："独乐乐，与人乐乐，孰乐？"又说："与少乐乐，与众乐乐，孰乐？"(《孟子·梁惠王》)是说独自一人欣赏音乐快乐，不如与人共赏，同享快乐更快乐。张潮这里断章取义，以之说明娱乐的诸种形式，认为独自一人的娱乐，是鼓琴，自己演奏，自己享受，独个陶醉，得一人之乐。弈棋是两人的游戏，各自一方，小小棋盘，摆开战场，进攻退守，斩将拔旗，运筹帷幄，此谓"与人乐乐"。马吊是四人游戏，四十张牌，四人围坐，拍散、买注、斗百老法、吊法、看赏法、免斗、开注、罚例，刺激，有趣，谓之"与众乐乐"。调侃圣人经书，这只能发生在明代中晚期以后。

一九四　不待教而为善为恶者

不待教而为善为恶者，胎生也；必待教而后为善为恶者，卵生也；偶因一事之感触而突然为善为恶者，湿生也(如周处[1]、戴渊[2]之改过，李怀光[3]反叛之类)；前后判若两截，究非一日之故者，化生也(如唐玄宗[4]、卫武公[5]之类)。

【注释】

❶ 周处：字子隐，西晋人，少孤，横行乡里，乡人将他和南山虎、长桥蛟并称三害，后改过自新，杀虎斩蛟，官至中承。❷ 戴渊：字若思，东晋人，少好游侠，不拘细行，曾劫陆机船，得机点示，幡然悔悟，与陆机遂成契友，官至骠骑将军。❸ 李怀光：唐人，骁勇善战，屡建奇功，后因个人恩怨，反叛投敌。❹ 唐玄宗：早期锐意图治，史称开元之治，晚期任奸佞，溺美色，致有安史之乱。❺ 卫武公：春秋时代卫国国君，传说他为君乃弑兄伯而立，而犬戎杀周幽王，其平乱有功，平王封其为公。为君后则为明君。

【评析】

佛教以为凡有情而生者分四种：胎生，卵生，湿生，化生。胎生由母胎而生，如人及动物；卵生卵化而生，如鸟蛇蚁；化生借业力而生，如诸天神、饿鬼、地狱中受苦者；湿生因潮湿水汽而生，如蚊子及某些虫类。而以四种生态品评人的不同行为德行，张潮可谓别开生面，新人耳目。其评周处、戴渊的改恶从善及李怀光的由善改恶为湿生，为其因一机一缘；评卫武公及唐玄宗的前后期判然两人为业生，为其因业力所致，而非一朝一夕故也。人的变化有各种触媒，更取决于本身的因素，这实在是一个饶有兴味又很值得探讨的问题。

一九五　凡物皆以形用

凡物皆以形用，其以神用者，则镜也、符印也[1]、日晷也[2]、指南针也。

【原评】

袁中江曰：凡人皆以形用。其以神用者，圣贤也，仙也，佛也。

黄虞外士曰：凡物之用皆形，而其所以然者，神也。镜凸凹而易其肥瘦，符印以专一而主其神机，日晷以恰当而定准则，指南以灵动而活其针缝。是皆神而明之存乎人矣。

【注释】

❶ 符印：古称图章印信。❷ 日晷：古时测日影定时间的仪器。

【评析】

以形而用，生产力愈不发达，就愈发见多，原始社会，石器的形状，即根据用途而别，或者说，不同的形态，正为不同的用途开发制造。但因形而用，也是器物的重要特征，如盛东西的器具，如衣帽鞋袜，如睡卧的床具坐具等等。尔后当今，以神用者却越来越多，符印、日晷以外，电子、照明、激光、火箭、摄影、录像等，正方兴未艾，而随着社会的发展，今天觉得不可思议的东西还会更多的涌现，以神为用者不可限量，也开发不尽。

一九六　才子遇才子

才子遇才子，每有怜才之心；美人遇美人，必无惜美之意。我愿来世托为绝代佳人，一反其局而后快。

【原评】

陈鹤山曰：谚云："鲍老当筵笑郭郎，笑他舞袖大郎当。若教鲍老当筵舞，转更郎当舞袖长。"则为之奈何？

郑蕃修曰：俟心斋来世为佳人时再议。

余湘客曰：古亦有"我见犹怜"者。

倪永清曰：再来时不可忘却。

【评析】

才子相怜相惜，盖在于才子高才多命薄，多恃才傲物，与世难融，一样为世所忌，人生坎坷，一肚皮牢骚，所谓同调知音同病相怜而已。美人见美人，所以不能相惜，乃因同为男人附庸，没有独立地位，为免丝永缠藤萝，便惧怕有美于自己者争宠，虽狭隘，却让人同情。妒忌是一种毒瘤，虽然产生的原因多端，然于个人、社会危害极大，小之可毁灭具体的生命，大则能毁灭整个社会。

一九七　予尝欲建一无遮大会

予尝欲建一无遮大会❶，一祭历代才子，一祭历代佳人。俟遇有真正高僧，即当为之。

【原评】

顾天石曰：君若果有此盛举，请迟至二三十年之后，则我亦可以拜领盛情也。

释中洲曰：我是真正高僧，请即为之，何如？不然，则此二种沉魂滞魄，何日而得解脱耶？

江含徵曰：折柬虽具，而未有定期，则才子佳人亦复怨声载道。

又曰：我恐非才子而冒为才子，非佳人而冒为佳人。虽有十万八千母陀罗臂，亦不能具香厨法膳也，心斋以为然否？

释远峰曰：中洲和尚，不得夺我施主！

【注释】

❶ 无遮大会：梵文音译，谓贤圣道俗上下贵贱无遮，平等行财施与法施的法会。

【评析】

才子运蹇，佳人命薄，张潮为之不公悲慨。而佳人才子也因美不得绽放异彩，才不能充分施展，偃蹇牢落，自悲自怜，死不足意。张潮才子自负，又深怜美人，于是发出奇想，冀得一得道高僧，建一无遮法会，使他们难散冤魂得以超度，使他们来生能修得好运，能不再悲戚惨凄，能各放奇彩，能不再有悲剧人生。封建士大夫张潮，当然不能够认识到才子的悲剧，来源于社会的用人制度；而美人的悲剧，在于男尊女卑女人没有自己独立的社会地位，所以，他只能寄希望于高僧超度，寄希望于来生转世。

一九八　圣贤者

圣贤者，天地之替身。

【原评】

石天外曰：此语大有功名教，敢不伏地拜倒！

张竹坡曰：圣贤者，乾坤之帮手。

【评析】

古人有天人感应的说法，以五常配五行，认为天是大宇宙，人是小宇宙，人事反映天意。所谓圣贤是天地的化身，便包涵了天人对应的一层意思。此外，圣贤钟灵毓秀，得天地灵气，最能悟彻天地自然社会人类的至理大道，于是著述立说，演绎哲理，讲自然、社会、人生，如代天宣谕；又恪守伦常道德，讲究操守、气节、品格，以身垂范，可为楷模，如天地正气集诸一身，俨然也天地的化身。

一九九　天极不难做

天极不难做，只须生仁人君子有才德者二三十人足矣。君一、相一、冢宰❶一，及诸路总制、抚军是也❷。

【原评】

黄九烟曰：吴歌有云："做天切莫做四月天。"可见天亦有难做之时。

江含徵曰：天若好做，又不须女娲氏补之。

尤谨庸曰：天不做天，只是做梦。奈何！奈何！

倪永清曰：天若都生善人，君相皆当袖手，便可无为而治。

陆云士曰：极诞极奇之话，极真极确之话。

【注释】

❶ 冢宰：官名，周代为六卿之首，后世为吏部尚书的别称。❷ 诸路总制抚军：各大地区的行政长官。路，宋、元时期的行政区划。总制，即总督，为地方最高行政长官。抚军，清代为巡抚的别称，位次总督。

【评析】

黑暗腐败的社会，人们便要渴望青天出现，包公在宋以后被历代盛传不衰，各类文体创作中不绝如缕，都说明了这一问题。张潮这则文字，所表达的无非也是这样的思想。他认为老天不难做，只要生下几十个仁人君子，一做皇帝，一做宰相，一做负责吏选的吏部尚书，再有十几二十个地方大员，天下便可清平。官贪吏污，吏治腐败，吏的素质固是原因，但根本上还出于社会体制，封建社会人治而非法治，没有公平的法律约束，在大污淖中，很难有清明的吏治。

二〇〇　掷"升官图"

掷"升官图"[1]，所重在德，所忌在赃。何一登仕版[2]，辄与之相反耶？

【原评】

江含徵曰：所重在德，不过是要赢几文钱耳！

沈契掌曰：仕版原与纸版不同！

【注释】

❶ 掷升官图：古代一种游戏形式，即在纸上绘各种官位，以掷骰子的点数定官位高下，决出输赢。❷ 仕版：古代官吏名册，指仕途。

【评析】

掷升官图为赌博游戏，游戏得以顺利进行，须有规则的约束，有游戏参与者平等的地位为前提。不守游戏规则，便要被开除出局，搞特殊化，便永远找不到玩伴，而官的升降，即牌的输赢，靠实力，所以，凡游戏者，都能恪守牌德。而真正的仕途，却没有平等的规则约束，一人之下，万人之上，只对上司负责，用不着考虑与自己合伴的下级与黎民百姓，任你贪赃枉法、草菅人命、祸害一方，只要贿得上司高兴，便可加官晋爵，所以，进入仕途，便与掷升官图恰恰相反。

二〇一　动物中有三教焉

动物中有三教焉：蛟、龙、麟、凤之属，近于儒者也；猿、狐、鹤、鹿之属，近于仙者也；狮子、牯牛之属[1]，近于释者也。

植物中有三教焉：竹、梧、兰、蕙之属，近于儒者也；蟠桃、老桂之属，近于仙者也；莲花、薝蔔之属[2]，近于释者也。

【原评】

顾天石曰：请高唱《西厢》一句，一个通彻三教九流。

石天外曰：众人碌碌，动物中蜉蝣而已；世人峥嵘，植物中荆棘而已。

【注释】

❶ 牯牛：母牛，或阉割过的公牛。❷ 薝(zhān)蔔(bo)：梵语花名，即郁金花。

【评析】

儒释道三教，人创立，人信奉，乃高级动物的人类思考社会人生、寻求精神归宿的产物，其在特定的历史时期产生，都是一种必然。而言动物、植物也有三教，却令人感到新鲜又匪夷所思。其实，张潮所谓的动物、植物三教，也非游谈无根，而有其根据。这便是漫长的历史演进过程中，人类所赋予动、植物的那些文化的、人格的思想内蕴，有关动、植物的浪漫传说，当然还有它们自身的状貌习性。具体加以说明，蛟龙麟凤之属，人们多以其为祥瑞的象征，这自然与温文尔雅讲贤德才能的儒家相类；猿狐鹤鹿，寄迹山林幽窟，神秘且多有怪异的传说，固与讲究成仙了道的道家联类；狮子牯牛，或为兽中王，或出西域，或为母牛及遭阉割的公牛，断欲绝情，与贪淫无涉，与佛家主张相近。植物中竹梧兰蕙，清高素雅，彬彬不俗，可比儒家；蟠桃老桂，高古寿考，奇形异貌，在传说中与仙家关系殊密，可比之道家；莲花薝蔔，以其色泽芬芳，往往被视为佛教的象征，以之比佛家，更理所当然。以人间三教类比解说动物、植物，可谓奇思妙想，善于比类。

二〇二　佛氏云

佛氏云："日月在须弥山腰。"❶果尔，则日月必是绕山横行而后可。苟有升有降，必为山巅所碍矣。又云："地上有阿耨达池❷，其水四出，流入诸印度。"又云："地轮之下为水轮，水轮之下为风轮，风轮之下为空轮。"余谓此皆喻言人身也。须弥山喻人首，日月喻两目；池水四出喻血脉流通，地轮喻此身，水为便溺，风为泄气。此下则无物也。

【原评】

释远峰曰：却被此公道破。

毕右万曰：乾坤交后，有三股大气：一呼吸、二盘旋、三升降。呼吸之气，在八卦为震、巽，在天地为风、雷，为海潮，在人身为鼻息；盘旋之气，在八卦为坎、离，在天地为日、月，在人身为两目，为指尖、发顶罗纹，在草木为树节、蕉心；升降之气，在八卦为艮、兑，在天地为山、泽，在人身为髓液便溺，为头颅、肚腹，在草木为花叶之萌、雕，为树梢之向天、树根之入地。知此，而寓言之出于二氏者，皆可类推而悟。

【注释】

❶ 须弥山：印度神话中的山名，佛教称其为世界中心。❷ 阿耨达池：梵语音译，湖名，在“香山之南，大雪山之北，周八百里”(《大唐西域记》)。

【评析】

佛教认为须弥山为世界的中心，大地、山河、星球天体都围绕它排列，宇宙有多个三千大千世界，每一个世界都有一个太阳、月亮及众多的星星，都围在须弥山四周，各循其轨道行进。张潮对所谓的日月在须弥山腰这一说法，便提出了置疑：如果这样，日月必然是绕山横行才行，若有升降，必被山巅阻碍。佛教又有地轮、水轮、风轮、空轮之说，张潮戏称其比说人体而已，所谓须弥山为人首，日月为两目，池水四出为血脉流通，地轮为身体，水为便溺，风为泄气，都堪称妙语解颐，幽默诙谐。而以宇宙说人身，也非无据，佛教便有人体小宇宙之说。

二〇三　苏东坡和陶诗

苏东坡和陶诗，尚遗数十首。予尝欲集坡句以补之，苦于韵之弗备而止。如《责子诗》中“不识六与七”、“但觅梨与栗”，“七”字与“栗”字，皆无其韵也。

【评析】

陶渊明是古代最杰出的田园诗人。他的诗冲淡平和、闲适恬静、自然质朴，读之令人心旷神怡，油然生田园之思。苏轼仕途坎坷，在逆境中，逃禅学佛，对回归自然，很是神往，于是，陶渊明的一些诗作颇引起他的共鸣，其和陶诗百余首，便是明证。苏轼的和陶为有感而发，非无病呻吟，所谓和，仅是形式，内容完全是他自己的。他所以未能遍和，盖坚持无感不发的写作原则。而张潮的为其未能遍和为憾，是不懂艺术创作的规律，其拟为补作，也为画蛇添足，幸未能成，不然，将玷污东坡，也自留骂名。

二〇四　予尝偶得句

予尝偶得句，亦殊可喜。惜无佳对，遂未成诗。其一为“枯叶带虫飞”，其一为“乡月大于城”。姑存之，以俟异日。

【评析】

创作灵感的发生，倏忽而来，飘然而去，来无踪，去无影，都很自然，很正常。张潮所谓的偶得佳句，即灵感发生，而惜无佳对，则是灵感消失。因灵感的消失，不能有全诗，固然可惜，但若能有上好佳句，也未尝不是胜事。诗史上以某句精警而盛为夸赞者并不鲜见，惟张潮所得意的句子尚不足以惊人罢了。

二〇五　空山无人

“空山无人，水流花开”二句，极琴心之妙境；“胜固欣然，败亦可喜”二句，极手谈之妙境；“帆随湘转，望衡九面”二句，极泛舟之妙境；“胡然而天，胡然而帝”二句，极美人之妙境。

【评析】

富有感受与联想丰富的人，才更能体会发现到自然及社会生活中蕴藏的美感，才能更深切地品味人生的快意并享有生活的甜美。这则文字便表现出了张潮丰富的感受与联想天赋。空旷的山林，分外静谧，小溪穿过，溪水铮淙，溪边满是说不出名目的鲜花，有的含苞孕育，有的璀璨绽放，有的花事将过，花瓣飘飘散落，碧绿鲜活的潺潺流水与或开或落的花儿，更衬托出山的明净，这是妙手琴师演奏着的名曲，是曲中表现出的那种境界，令人陶醉，忘我。一纸棋盘，两军对垒，斩将拔旗，攻城夺寨，一场没有硝烟，不见刀枪的战争，玩的是斗智，是运筹帷幄，同时又是高级的游戏，胜，能让人感受到脑力劳作付出后的快感；败，从对手的高妙布局中可以体会出新招，提高自己的棋艺，所谓胜固欣然，败也可喜，正是真下棋者的真境界。泛舟江河，与二三知己，品茗清谈，优游闲适，已堪称是福分，如果“帆随湘转，望衡九面”，能到迂曲周回的湘水之中，随水流舟行，多角度地观赏衡山的各个侧面，那真是尽得水中泛舟的妙趣。美人可以用许多辞藻来形容，但历来写美人者很多，陈词滥调，反失去鉴赏美人意味，张潮这里引《诗经·君子偕老》之成句“胡然而天，胡然而帝”，说美人如天崇高，如上帝高贵，虽不直写美人的华彩，却让人耳目一新又回味无限，所谓极美人之妙境，信然。

二〇六　镜与水之影

镜与水之影，所受者也；日与灯之影，所施者也；月之有影，则在天者为受，而在地者为施也。

【原评】

郑破水曰：受、施二字，深得阴阳之理。

庞天池曰：幽梦之影，在心斋为施，在笔奴为受。

【评析】

镜子中的影像与水中的倒影，是外在的投入，所以是一种接受；太阳的光辉与灯烛的光亮，是由它们自身能的释放，所以是一种施舍；月中的形象，古人以为是大地山河的投入，所以在天谓之接受；月光照耀大地，在地，可谓接受其光华，在月，是一种施舍。这正如阴阳的相对，有阴才有阳，有施才有受。施舍是恩赐，接受则是成全，从此意义上说，接受也是恩赐。人生社会，与人交往，其实不必太计较恩赐还是接受，恩赐给人以物，换来美名与赞誉，是受赐者给的回报，比较起来，也许反赚取了便宜，是合算的一笔交易。

二〇七　水之为声有四

水之为声有四：有瀑布声，有流泉声，有滩声，有沟浍声；风之为声有三：有松涛声，有秋叶声，有波浪声；雨之为声有二：有梧叶、荷叶上声，有承檐溜竹筒中声。

【原评】

弟木山曰：数声之中，惟水声最为厌。以其无已时，甚聒人耳也。

【评析】

音有天籁之音与人籁之音的区别。天籁之音乃自然形成，不假人力；人籁之音是对自然之音的模仿提炼，加工创造。人籁之音更系统，但除却上乘高妙之乐，终多造作，芜杂，功利，而不像天籁之乐纯洁明净而自然天成。所以庄子及其以后的不少思想家最推崇天籁之乐。张潮正由于喜好天籁之音，故仔细体察，于是总结水有四声：瀑布声，流泉声，滩声，沟浍声；风有三声：松涛声，秋叶声，波浪声；雨有二声：雨打梧叶荷叶声，房屋承檐溜竹筒中滴答声。这许多声音，虽未经雕琢，但一样有独奏、伴奏、合唱等等不同，在人不同的心境下，给人的感受也互有差异，能让人喜，让人悲，让人激越，让人恬静安逸。古人将天籁之乐列为上乘之上乘，推为至乐，最高一等，并非没有道理。

二〇八　文人每好鄙薄富人

文人每好鄙薄富人，然于诗文之佳者，又往往以金玉、珠玑、锦绣誉之，则又何也？

【原评】

陈鹤山曰：犹之富贵家张山癯野老落木荒村之画耳。

江含徵曰：富人嫌其悭且俗耳，非嫌其珠玉文绣也。

张竹坡曰：不文，虽穷可鄙；能文，虽富可敬。

陆云士曰：竹坡之言，是真公道说话！

李若金曰：富人之可鄙者，在吝，或不好史、书，或畏交游，或趋炎热而轻忽寒士。若非然者，则富翁大有裨益人处，何可少之！

【评析】

文人鄙薄富人，并非鄙薄财富本身，乃鄙薄其财富来得不正，是坑蒙拐骗损人害人不择手段所得；乃鄙薄其势利心性、脑满肠肥、满脑子铜臭、不仁不义、趾高气扬、暴发户德行，而财富本身，是社会生产力发达程度的体现，是人类劳动创造的优秀成果，是人类心血汗水的结晶，人们对它的珍惜喜欢，是显而易见，不言而喻的。人们恨的是社会财富被个别人不法猎取，绝不恨财富自身，文人一样，对佳诗妙文，以金玉珠玑锦绣比之，一方面言其为人类最优秀的创造，另方面喻其内容的深湛形式的美妙。

二〇九　能闲世人之所忙者

能闲世人之所忙者，方能忙世人之所闲。

【评析】

这句话颇有辩证法的味道。有所不为才能够有所为，事实上本就如此，人们也往往讲到提到，但真能切切实实做到，实实在在履行的，却是那么稀少，究其原因，极简单，便是能力有限，欲望太多，总想占取或拥有所有的财富或荣誉，这就免不了东张西望、心有旁骛、吃着碗里看着锅里，于是用心难专，不能持之以恒，结果或影响效率，或三天打鱼两天晒网，其无法成就事功，不能干出大事，甚或做不成任何的事情，都在情理之中了。有所得，必有所失，要做任何的事情，都必须集中精力，心无旁骛，精力专注，才能悉心投入，才能将所有个人的能力使出，也因此才会事半功倍，保证做事的功效。道理浅显，付诸实践却不容易，不目迷五色，这需要相当的毅力和定力。

二一〇　先读经

先读经，后读史，则论事不谬于圣贤；既读史，复读经，则观书不徒为章句。

【原评】

黄交三曰：宋儒语录中不可多得之句。

陆云士曰：先儒著书法，累牍连章，不若心斋数言道尽。

王宓草曰：妄论经、史者，还宜退而读经。

【评析】

经书多是圣人哲语，是圣人思想的集中体现，他们关于历史社会自然人生的看法，则是他们赖以成为圣人的根本所在，读经书，有了思想上的武装，再读史，便不会被纷纭复杂的史实困扰，对是非的判断就不至于偏颇迷失，以圣人的标准为标准，论事当然也就不谬于圣贤。但先读史，再读经，也有益处。二十五史中演绎的就是忠奸善恶的故事，是圣人语录活生生的体现，观二十五史，对历史社会便有了更深切更全面的了解，在此基础上去读经书，便会对圣人经典有更具体更透辟的理解，而不再把它作为教条，不复是宗教徒的迷信，不会只见树木不见森林，眼前不仅仅是干枯的语录，而是圣人完整的思想，是人类思想的优秀积淀。

二一一　居城市中

居城市中，当以画幅当山水，以盆景当苑囿，以书籍当朋友。

【原评】

周星远曰：究是心斋偏重独乐乐！

王司直曰：心斋先生置身于画中矣！

【评析】

居身闹市，眼前是一片喧嚣芜杂，周围是忙碌功利的人群，让人压抑窒息，于是便向往静谧的自然山水，渴望能在小桥流水花开花落的园圃中找一份恬适，期盼能有三两知己促膝谈心，互诉衷肠，但游山玩水，需要不菲的资费，园圃为富家私有，非随意能够出入，满是铜臭的社会氛围中，志同道合的知己又可遇不可求，在这种情景下，张潮提出了变通的办法，便是调动个人的主观能动性，运用想像，以山水画幅当山水，见微知著，以盆景当园圃，尚友古人或与著书人对话，从读书中寻找多闻直谅之友，这样，足不出户，可游名山大川，可赏任何园圃，可与所有的圣哲贤人为友。从这则文字很能够看出清初知识分子的苦闷心迹。

二一二　乡居须得良朋始佳

乡居须得良朋始佳，若田夫樵子仅能辨五谷而测晴雨，久且数❶，未免生厌矣。而友之中又当以能诗为第一，能谈次之，能画次之，能歌又次之，解觞政者又次之❷。

【原评】

江含徵曰：说鬼话者，又次之。

殷日戒曰：奔走于富贵之门者，自应以善说鬼话为第一，而诸客次之。

倪永清曰：能诗者，必能说鬼话。

陆云士曰：三说递进，愈转愈妙，滑稽之雄。

【注释】

❶ 数：屡次，多次。❷ 觞政：旧时宴会喝酒时执行的酒令。觞，酒杯。

【评析】

物以类聚，人以群分，英雄相惜，好人与坏人各自为群，这是不言自明的。但同为谦谦君子，也不一定就能相处得欢洽，成为良朋好友，同心知己，文化思想与观念的差异，也对人的交往产生着相当的制约，其相近，关心的问题也近，共同话语就多，反之，如老农关心的是庄稼丰歉收成，工人关心的是工厂效益或下岗就业，科学家关心的是课题进展，教师关心的是成绩与职称，不同的阶层，关心的问题各异，相互追求不同，路遥小说《人生》所写高家林与刘巧珍的恋爱悲剧，症结便在于此。这则文字所写文人墨客乡居的尴尬，原因也在于此。

二一三 玉兰

玉兰，花中之伯夷也（高而且洁）；葵，花中之伊尹也[1]（倾心向日）；莲，花中之柳下惠也[2]（污泥不染）。鹤，鸟中之伯夷也（仙品）；鸡，鸟中之伊尹也（司晨）；莺，鸟中之柳下惠也（求友）。

【注释】

❶ 伊尹：商朝大臣，相传为奴隶出身，商汤委以国政，忠心耿耿，辅佐商汤灭掉夏桀。❷ 柳下惠：即展获，字禽，春秋时鲁国大夫，食邑柳下，谥惠，故称柳下惠。

【评析】

伯夷弟兄因避让帝位逃往周地，因周灭掉母国不食周粟，逃入首阳山，采薇而食，终于饿死，千古以来，称其为贞烈，为圣贤，如孔子将他与泰伯并称古之仁圣贤人，孟子将他与伊尹、孔子并称为古圣人，司马迁赞他为“积仁洁行”之“清士”。伊尹为商汤相，助汤灭夏，又历佐卜丙、中壬，扶立太甲，虽经放逐，不改忠贞。柳下惠刚直不曲，在鲁国为士师，三次被黜，人问他不肯离开鲁国的原故，他说："直道而事人，焉往而不三黜？枉道而事人，何必去父母之国？"以申明其宁为玉碎不为瓦全的品格及不遇知音难得同调的哀叹。玉兰"高而清洁"，称其为饿死不食周粟的伯夷，可谓恰当；葵花朵朵向太阳，向阳而生，这与倾心辅佐商朝的伊尹差近，故称其花中的伊尹；莲花出污泥而不染，与柳下惠的不肯苟合世俗不愿同光和尘相似，故莲花为花中的柳下惠；鹤形仙风道骨，驾鹤多为仙道，列于仙品，与冰清玉洁的伯夷近，可称鸟中伯夷；公鸡司晨，克尽职守，如伊尹的佐商，故称鸟中伊尹；"嘤其鸣兮，求其友声"，莺鸣为求友，柳下惠遭黜，叹知音不遇，故称求友之莺为鸟中柳下惠。对照喻体及被喻体，便可理解作者的生花妙笔及其用比之巧妙。

二一四　无其罪而虚受恶名者

无其罪而虚受恶名者，蠹鱼也（蛀书之虫另是一种，其形如蚕蛹而差小）；有其罪而恒逃清议者，蜘蛛也。

【原评】

张竹坡曰：自是老吏断狱。

李若金曰：予尝有除蛛网说，则讨之未尝无人。

【评析】

无罪而背恶名，有罪而逃却舆论指责，不独虫类，人也如之。历史上，多少忠臣义士，遭谗罹忧，轻则降职流放，重至全家被戮，死后仍然戴罪，子孙受累，受祸无穷；而奸佞小人，为非作歹，残害忠良，却大俸大禄，大红大紫，生前荣华富贵，死后列位贤祠，为数并不鲜见。现实中，君子直道，或遭谗言诋毁，或被周围误解，命运坎坷，为人厌弃者有之；而谄媚小人，凭伶牙利齿，溜须拍马，八面玲珑，左右逢源，竟有时能够赢得口碑赞誉。但路遥知马力，日久见人心，磊落品格，终将赢得令名；害人奸小，也必将有露出马脚的时候，结果必为人唾弃。时间老人的法眼，明敏锐利，历史会对每一个人都做出公正的评价。

二一五　臭腐化为神奇

臭腐化为神奇，酱也，乳也，金汁也[1]；至神奇化为臭腐，则是物皆然。

【原评】

袁中江曰：神奇不化臭腐者，黄金也、真诗文也。

王司直曰：曹操、王安石文字，亦是神奇出于臭腐。

【注释】

❶ 金汁：粪水经过滤提取清汁，瓮封土埋年余，可做药用，谓金汁。

【评析】

能化腐臭为神奇者，三数物而已，而由神奇变腐臭的，却所在多有。由好变坏容易，由坏变好则难，在物在人皆然。以人来讲，一念之差，会酿成千古之恨，一步踩错，会掉进污水泥淖，一言一行不慎，会犯下错误，有时还能影响人的一生命运，所以比喻人的堕落，人们往往用走路下坡作比。相比较，坏人变好，虽也有一念可以成佛之说，但成为完人，却需要一辈子长抓不懈，丝毫不能马虎，不然，点滴过失，都会玷污了清白，几十年修炼，很可能毁于一旦。正因为好人难做，才有浪子回头金不换，以精金比喻浪子改过的说法。正因为变好不易，人们才以走上坡路喻之。

二一六　黑与白交

黑与白交，黑能污白，白不能掩黑；香与臭混，臭能胜香，香不能敌臭。此君子小人相攻之大势也。

【原评】

弟木山曰：人必喜白而恶黑，黜臭而取香，此又君子必胜小人之理也。理在，又乌论乎势！

石天外曰：余尝言：于黑处著一些白，人必惊心骇目，皆知黑处有白；于白处著一些黑，人亦必惊心骇目，以为白处有黑。甚矣！君子之易于形短，小人之易于见长，此不虞之誉、求全之毁所由来也。读此慨然。

倪永清曰：当今以臭攻臭者不少。

【评析】

黑白两种颜色交合，黑能将白色染黑，白色却不能将黑色覆盖；香臭混在一起，人能闻到臭气，却感受不到香味。这在生活中为我们习见。张潮的意思当然不是在摭拾陈言，而是要用这一常识，说明社会人生一个至为重要的道理，即君子与小人较量，也如黑白香臭之争，君子总无法斗过小人。所谓明枪易躲，暗箭难防，君子

光明磊落，堂堂正正，小人鬼蜮伎俩，含沙射影，君子胸襟坦荡，为人方正，小人卑鄙龌龊，精于算计坑害，君子与小人较量，君子自然不是小人的对手。但这仅是从眼前看，从局部看，从大局及长远观，君子得道多助，小人失道寡助，君子代表正义，小人代表邪恶，正义最终必将战胜邪恶，这却是颠扑不破的真理。

二一七　耻之一字

耻之一字，所以治君子；痛之一字，所以治小人。

【原评】

张竹坡曰：若使君子以耻治小人，则有耻且格；小人以痛报君子，则尽忠报国。

【评析】

君子知耻，有羞耻心，知道真善美可尚，假丑恶可耻，因此视声名为生命，不降志、不辱身、不从枉，洁身励行，重视操守，讲究品格德行，既日省其身，又闻过则喜，目的即在于完善自我，青史上留下美名。对君子言，受到羞辱便是最重的刑罚，可以去死却不愿被辱。小人已丧失良知，寡廉鲜耻，为一己的利益，他可以奴颜婢膝、认贼作父、出卖亲友，更能够造谣中伤、谗言诽谤、颠倒黑白，他不讲是非，不论善恶，耻字与他无关。对小人言，所有的批评、说教甚至辱骂恐吓都没有用，只有严酷刑罚，使其受皮肉之刑，才能发生作用。其实，小人非人，皮肉之苦，也只能奏效于暂时，狗改不了吃屎，小人本性，终究只是小人。

二一八　镜不能自照

镜不能自照，衡不能自权，剑不能自击。

【原评】

倪永清曰：诗不能自传，文不能自誉。

庞天池曰：美不能自见，恶不能自掩。

【评析】

镜子可以照物照人，能照见物、人的优点与欠缺，但不能照见自己的形态模样；秤可以称量物体的重量多少，分别出孰重孰轻，但不能称出自己的轻重；剑可以所向披靡，斩敌无数，削铁如泥，但不能自己刺击到自身。其实，所有的东西都有局限，所谓尺有所长，寸有所短是也。当局者迷，旁观者清，作为人，对别人的优长缺陷总看得清晰，而于个人的问题与缺点，往往会熟视无睹，习焉不察。能以别人为镜子，虚心从周围的反映与评价中听取批评，定可以避免许多错误，且不断地完善自我。

二一九　古人云诗必穷而后工

古人云："诗必穷而后工。"盖穷则语多感慨，易于见长耳。若富贵中人，既不可忧贫叹贱，所谈者不过风云月露而已，诗安得佳！

苟思所变，计惟有出游一法。即以所见之山川风土、物产人情，或当疮痍兵燹之余，或值旱涝灾祲之后，无一不可寓之诗中。借他人之穷愁，以供我之咏叹，则诗亦不必待穷而后工也。

【原评】

张竹坡曰：所以郑监门《流民图》独步千古。

倪永清曰：得意之游，不暇作诗；失意之游，不能作诗。苟能以无意游之，则眼光识力定是不同。

尤悔庵曰：世之穷者多而工诗者少，诗亦不任受过也。

【评析】

诗必穷而后工，这是中国古代文论中一个十分重要又影响深远的命题。所谓穷，既指物质生活的贫困，也指命运坎坷，屡多磨难，或遭逢不幸。从中国文学史上，可以随便找出印证这一观点的例子。杜甫的贫寒，使他写出了"朱门酒肉臭，路有冻死骨"这样的千古名句；苏轼的仕途坎坷，使他对自然人生有了更深切的体悟，诗文创作中，生命意识便显得格外突出；吴敬梓举业的屡遭挫折，使他对八股科举的弊端及其对读书人心灵的戕害有了更深刻的认识，于是才创作出《儒林外史》这部不朽巨著；曹雪芹经历了大家庭的败落，由锦衣玉食到食粥常赊，由华贵门第到无地安身，对社会世相人情冷暖乃至人生命运都有了大彻大悟，如此，才有了血泪写成的《红楼梦》。虽然如此，经验有直接，有间接，正如《水浒》的作者并没有梁山为寇的经历，一样写水泊聚义，张潮提出出游一法，建议作者可以在游历中多闻多见，观各地风土人情，了解兵燹战乱给百姓带来的灾难，调查水旱灾情的形势，所谓为民请命，做百姓的代言人，同样能够写出不朽的作品。张潮所云，与今天的体验生活仿佛，当然是行之有效的手段。

幽梦影序一

余穷经读史之余，好览稗官小说。自唐以来，不下数百种。不但可以备考遗忘，亦可以增长意识。如游名山大川者，必探断崖绝壑；玩乔松古柏者，必采秀草幽花，使耳目一新，襟情怡宕。此非头巾褦襶、章句腐儒之所知也。故余于咏诗撰文之暇，笔录古轶事、今新闻，自少至老，杂著数十种。如《说史》、《说诗》、《党鉴》、《盈鉴》、《东山谈苑》、《汗青余语》、《砚林》、《不妄语述》、《茶史补》、《四莲花斋杂录》、《曼翁漫录》、《禅林漫录》、《读史浮白集》、《古今书字辨讹》、《秋雪丛谈》、《金陵野抄》之类。虽未雕板问世，而友人借抄，几遍东南诸郡，直可傲子云而睨君山矣。

天都张仲子心斋，家积缥缃，胸罗星宿，笔花缭绕，墨沈淋漓，其所著述，与余旗鼓相当，争奇斗富，如孙伯符与太史子义相遇于神亭，又如石崇、王恺击碎珊瑚时也。其《幽梦影》一书，尤多格言妙论，言人之所不能言，道人之所未经道。展味低徊，似餐帝浆沆瀣，听钧天广乐，不知此身之在下方尘世矣。至如"律己宜带秋气，处世宜带春气"、"婢可以当奴，奴不可以当婢"、"无损于世谓之善人，有害于世谓之恶人"、"寻乐境乃学仙，避苦境乃学佛"，超超玄著，绝胜支、许清谈。人当镂心铭腑，岂止佩韦书绅而已哉。

曼持老人余怀广霞制

幽梦影序二

心斋著书满家，皆含经咀史，自出机杼，卓然可传。是编是其一脔片羽，然三才之理，万物之情，古今人事之变，皆在是矣。

顾题之以"梦"且"影"云者，吾闻海外有国焉，夜长而昼短，以昼之所为为幻，以梦之所遇为真；又闻人有恶其影而欲逃之者，然则"梦"也者，乃其所以为觉，"影"也者，乃其所以为形也耶？

廋辞隐语，言无罪而闻足戒，是则心斋所为尽心焉者也。读是编也，其亦可以闻破梦之钟，而就阴以息影也夫！

江东同学弟孙致弥题

幽梦影序三

张心斋先生家自黄山，才奔陆海，枏榴赋就，锦月投怀，芍药词成，繁花作馔。苏子瞻十三楼外，景物犹然；杜牧之廿四桥头，流风仍在。静能见性，洵哉人我不间而喜嗔不形；弱仅胜衣，或者清虚日来而滓秽日去。怜才惜玉，心是灵犀；绣腹锦胸，身同丹凤。花间选句，尽来珠玉之音；月下题词，已满珊瑚之笥。岂如兰台作赋，仅别东西；漆园著书，徒分内外而已哉！

然而繁文艳语，止才子余能；而卓识奇思，诚词人本色。若夫舒性情而为著述，缘阅历以作篇章，清如梵室之钟，令人猛省；响若尼山之铎，别有深思。则《幽梦影》一书，余诚不能已于手舞足蹈、心旷神怡也。其云“益人谓善、害物谓恶”，咸仿佛乎外王内圣之言。又谓“律己宜秋、处世宜春”，亦陶熔乎诚意正心之旨。他如片花寸草均有会心；遥水近山不遗玄想；息机物外，古人之糟粕不论；信手拈时，造化之精微入悟；湖山乘兴，尽可投囊；风月维潭，兼供挥麈；金绳觉路，弘开入梦之毫；宝筏迷津，直渡广长之舌。以风流为道学，寓教化于诙谐。为色为空，知犹有这个在；如梦如影，且应作如是观。

湖上晦村学人石庞序

原跋一

昔人云：梅花之影，妙于梅花。窃意影子何能妙于花？惟花妙则影亦妙，枝干扶疏，自尔天然生动。凡一切文字语言，总是才人影子，人妙则影自妙。此册一行一句，非名言即韵语，皆从胸次体验而出，故能发人警省。片玉碎金，俱可宝贵。幽人梦境，读者勿作影响观可矣。

南村张惣识

原跋二

抱异疾者多奇梦，梦所未到之境，梦所未见之事，以心为君主之官，邪干之故如此。此则病也，非梦也。至若梦木撑天，梦河无水，则休咎应之。梦牛尾、梦蕉鹿则得失应之，此则梦也，非病也。心斋之《幽梦影》，非病也，非梦也，影也。影者惟何？石火之一敲，电光之一瞥也。东坡所谓“一掉头时生老病，一弹指顷去来今”也。昔人云：芥子具须弥，心斋则于倏忽备古今也。此因其心闲手闲，故弄墨如此之闲适也。心斋岂长于勘梦者也，然而未可向痴人说也。

寓东淘江之兰跋

幽梦影跋

昔人著书，间附评语，若以评语参错书中，则《幽梦影》创格也。清言隽旨，前于后喁，令读者如入真长座中与诸客周旋，聆其謦欬，不禁色舞眉飞，洵翰墨中奇观也。书名曰梦曰影，盖取六如之义。饶广长舌，散天女花，心灯意蕊，一印印空，可以悟矣。

乙未夏日震泽杨复吉识

图书在版编目(CIP)数据

幽梦影：图文本/(清）张潮著；肖凡注评．—南京：凤凰出版社，2010.1（2019.3重印）

ISBN 978-7-80729-326-2

Ⅰ.幽… Ⅱ.①张… ②肖… Ⅲ.①人生哲学—中国—清代②幽梦影—注释 Ⅳ.B825

中国版本图书馆CIP数据核字（2009）第230911号

书　　名	**幽梦影(图文本)**
著　　者	(清)张潮 著　肖凡 注评
责任编辑	倪培翔　周骋
装帧设计	徐慧
书籍插图	吕波　吕莉
出版发行	凤凰出版社(原江苏古籍出版社)
	发行部电话 025-83223462
出版社地址	南京市中央路165号　邮编 210009
出版社网址	http://www.fhcbs.com
照　　排	南京新华丰制版有限公司
印　　刷	南京新世纪联盟印务有限公司
	南京市江宁区诚信大道88号华瑞工业园7栋，邮编：210017
开　　本	718×1005毫米 1/16
印　　张	12.25
字　　数	226千字
版　　次	2010年1月第1版　2019年3月第2次印刷
标准书号	ISBN 978-7-80729-326-2
定　　价	46.00元

(凤凰出版社图书凡印装错误可向承印厂调换，电话：025-84238566)